国家出版基金项目

海洋经济文献译丛

构筑未来之沿岸环境

日本海洋学会 编

刘军 徐迎春 周艳红 译

上海译文出版社

日本海洋学会

目 录

序 ⋯⋯⋯⋯⋯⋯⋯⋯⋯⋯⋯⋯⋯⋯⋯⋯⋯⋯⋯⋯⋯⋯⋯⋯⋯⋯⋯⋯⋯ 1

开篇 ⋯⋯⋯⋯⋯⋯⋯⋯⋯⋯⋯⋯⋯⋯⋯⋯⋯⋯⋯⋯⋯⋯⋯⋯⋯⋯⋯⋯ 1

第一章 从"开发"到"环境"的变革 ⋯⋯⋯⋯⋯⋯⋯⋯⋯ 1

序 ⋯⋯⋯⋯⋯⋯⋯⋯⋯⋯⋯⋯⋯⋯⋯⋯⋯⋯⋯⋯⋯⋯⋯⋯⋯⋯⋯ 1

第一节 海洋环境新课题 ⋯⋯⋯⋯⋯⋯⋯⋯⋯⋯⋯⋯⋯ 2

第二节 流域的综合保护及管理 ⋯⋯⋯⋯⋯⋯⋯⋯⋯ 4

一、环境标准新思考 ⋯⋯⋯⋯⋯⋯⋯⋯⋯⋯⋯⋯⋯ 4

二、环境如何达标 ⋯⋯⋯⋯⋯⋯⋯⋯⋯⋯⋯⋯⋯⋯ 5

第三节 环境评估现状——填埋工程、港湾建设 ⋯⋯⋯ 7

一、《环境影响评估法》的出台 ⋯⋯⋯⋯⋯⋯⋯ 8

二、评估手续 ⋯⋯⋯⋯⋯⋯⋯⋯⋯⋯⋯⋯⋯⋯⋯ 11

三、环境影响评估概要 ⋯⋯⋯⋯⋯⋯⋯⋯⋯⋯⋯ 14

四、新环境影响评估的启示 ⋯⋯⋯⋯⋯⋯⋯⋯⋯ 21

第二章　沿海环境改革事例及课题 …………… 31

序 ……………………………………………… 31

第一节　长良川河口堰 …………………………… 32

一、建设河口堰的背景 ………………………… 33

二、政府和日本自然保护协会（财团）等 NGO 的
争论 ……………………………………… 35

三、河口堰的现状 ……………………………… 48

四、长良川河口堰等的经验启示 ……………… 51

五、专家、学会所要起的作用 ………………… 56

六、小结 ………………………………………… 58

第二节　三番濑填海造地 ………………………… 59

一、生态系统的调查结果 ……………………… 61

二、今后的工作 ………………………………… 69

第三节　中海本庄填海造田工程 ………………… 71

一、中海本庄填海造田始末 …………………… 71

二、本庄施工区域的环境影响评估和日本海洋学会
海洋环境问题委员会的建议 ……………… 73

三、为了做到科学的影响评估 ………………… 74

第四节　藤前潮滩填海造地 ……………………… 76

一、过程及论点 ………………………………… 76

二、评估的立脚点 ……………………………… 78

三、"评估书"的重大问题 …………………… 80

四、实施评估的调查计划以及内容 …………… 80

五、要开展综合性评估 ………………………… 86

　　六、评估的可信度 ·············· 87

　　七、藤前潮滩评估的教训 ·············· 88

第五节　谰早湾填海造田 ·············· 90

　　一、谰早湾填海造田计划的过程 ·············· 90

　　二、谰早湾填海造田工程的特征 ·············· 93

　　三、环境评估的内容与问题点 ·············· 95

　　四、"谰干"带来的海域环境的变化以及评估的失败

　　·············· 104

　　五、谰早湾评估的特点以及反思 ·············· 107

　　六、小结 ·············· 111

第六节　浮体 ·············· 112

第七节　今后的课题 ·············· 116

　　一、问题所在之处 ·············· 117

　　二、研讨会的作用 ·············· 120

　　三、顾问的作用 ·············· 121

　　四、小结 ·············· 123

第三章　如何应对新的"环境影响评估制度" ·············· 128

　序 ·············· 128

第一节　环境影响评估制度的工作流程 ·············· 131

　　一、环境影响评估法的理念和工作流程 ·············· 131

　　二、发展中国家环境保护状况 ·············· 167

第二节　环境影响评估的方法指南 ·············· 176

　　一、海洋环境问题的形势 ·············· 179

　　二、有关实施 EIA 的生态学研究 …………… 182

　　三、对生态系统的影响评估 ………………… 185

　　四、EIA 的视频监控系统 …………………… 195

　　五、针对 EIA 的建议 ………………………… 202

　第三节　数值模板的应用 …………………… 203

　　一、数值模板的发展历程 …………………… 203

　　二、数值模板的"现象（现实）"再现度 …… 205

　　三、有效性和局限性 ………………………… 208

　　四、课题和展望 ……………………………… 210

第四章　今后如何应对环境问题 ……………… 217

　前言 …………………………………………… 217

　第一节　环境教育及研究 …………………… 218

　　一、市民的环境教育与环境学习 …………… 218

　　二、环境研究和人才培养 …………………… 227

　第二节　环境评估的数据管理 ……………… 232

　　一、日本海洋数据中心的海洋数据处理 …… 233

　　二、数据公开制度的确立——生物信息公开 … 269

　第三节　环境评估研究组织 ………………… 284

参考资料　《东京湾保护基本法》试行方案纲要 ……… 290

后记 …………………………………………… 299

序

　　日本海洋学会设立于 1941 年 1 月，学会会员主要从事海洋物理、化学、生物、地质学等方面的基础研究。1973 年 6 月刊行的《日本海洋学会志》第 29 章第 3 号卷首的"关于海洋环境问题的声明"中，明确指出："近年来，人类活动对环境的破坏日趋严重，特别是与日俱增的生产活动，向海中排放了大量的废弃物，改变了海岸地形，海洋环境发生了显著变化。这种现状改变了地球的生态，甚至危及到了人类的生存，令人担忧。学会也应反省过去对环境问题所采取的消极态度，今后将秉持更大热忱促进海洋基础研究，与国内外相关领域合作，监视海洋环境的变化，对海洋的未来进行较准确的预测，将研究成果尽快投入到实际运用中去。日本海洋学会为此设立了海洋环境问题委员会，今后将讨论确立积极应对环境问题的具体研究方案及研究体系。通过此项活动，致力于改善海洋环境。同时，无论采取何种形式，我们的研究都不会与环境改善背道而驰。"

此声明以 1973 年的总会决议为基础，反映了总会多数会员的意见。在讨论的基础上，《与海洋环境污染相关联的调查研究现状及问题》(1975)，《海洋环境调查法》(1979)，《沿岸环境调查指南（底质·生物篇）》(1986)，《沿岸环境调查指南 II（水质·微生物篇）》(1990)，《海洋环境思考——海洋环境问题的变迁与课题》(1994) 等书籍相继出版。此外，日本海洋学会杂志对 1993 年东京湾三番濑的填海造田问题及 1996 年中海本庄填海造田问题等，从寻求实效性的立场出发，发表了诸多研究报告。

与 1970 年相比，原油污染和污浊等可见性海洋污染逐渐减少。但是许多人为引发的不可见有机化学物质在海生哺乳类动物身上积蓄，产生了严重的问题，海洋研究者的使命尚未结束。联合国教科文组织政府间海洋学委员会，力争在 21 世纪初正式运转，以推进构筑海洋观测系统（GOOS）。其中的一个模块就是"海的健康"（Health of the Oceans — HOTO）。以长期的监测和预测作为目标，以期消除海洋污染，保护包括生态系统在内的"健康的海洋"。

海洋环境问题委员会的成立，得到了宇田道隆会长的热心帮助，笔者至今也无法忘却宇田先生的热忱。为了纪念宇田先生而设立了日本海洋学会宇田奖，1999 年举行了第一次颁奖仪式。

  在此，谨对海洋环境问题委员会的热情与努力致以敬意，同时，也期待本书能够被广泛地利用。

1999 年 3 月

日本海洋学会会长

平启介

开 篇

农药等化学物质为我们的生产生活提供诸多便利，但近年来，约 70 种以上的化学物质，开始被指为"环境激素"，对包含人类在内的生物生理及生态产生巨大影响。一方面，就全球性的环境问题，1997 年 12 月在京都举行了有关地球变暖的国际会议，会议探讨了降低产生温室效应气体的目标，呼吁保护21 世纪的地球环境。20 世纪下半叶，随着时代的发展，新的环境问题层出不穷，为此，人们再次对人类产业活动及社会生活的样态提出了疑问。现在，我们应该积极寻求对策并付诸实施，以解决如何维持从沿岸环境到全球规模的地球生态系统、恢复健全的生态系统等问题。

日本沿海流域人口密集，因此，人类活动对环境的影响巨大。有机物以及营养盐、农药等化学物质通过河流、下水道处理厂流入内湾和沿岸地域，对环境产生负担。从沿岸"水质管理"角度考虑,有必要从陆地削减污浊负荷量,增强环境净化能力。因此,除了有效地加强流域下水道建设,采取家庭排水及产业畜牧业排水等对策外,为了强化支流和沿岸区域的自净作用,种植芦苇等水生植物和兴建人工滩涂、藻场等。

在对生态系统沿岸环境进行维护、管理时,今后将不再使用过多的人工能源,而是有效地利用自然生态系统自身的功能。但是,自然生态系统的能力也是有限的。我们要重新审视沿岸城市人口过剩问题,对流域地区的资源和废弃物等加以循环利用,建立无垃圾产业系统,改变我们的生活方式,从根本对策的构建开始,使河流流域及沿岸区域的物质循环处于稳定状态。

因此,作为海洋研究者,我们肩负着整理现在的海洋环境问题及课题,向下一代展现我们所追求的海洋环境的重要责任。对于海洋生物来说,海洋是直接的栖息地,而对于生活在陆地上的生物来说,海洋同样非常重要。从全球规模的环境,到封闭式内湾规模环境,在这个地球环境中,各个生态系统及其构成都密不可分,重新认识到这一点是很重要的。本书主要围绕沿岸环境评估对策展开,第一章讲述了以往所发生的实例及新的沿岸环境问题;第二章整理归纳了至今由于开发工程引发的河口区域、滩涂、内湾的环境问题及其课题;第三章探讨了应该如何思考今后的生态系统,对 1999 年实施的新的环境评估制度提出建议；第四章则总结了解决环境问题所应具备的社会系统。在自然科学研究中，环境问题是无法回避的社会课题。若本书能够对维持及修复今后的沿岸环境起到一定的参考作用，我们将感到万分荣幸。

石川公敏　风吕田利夫　佐佐木克之

第一章
从"开发"到"环境"的变革

序

　　在日本经济发展过程中，各相关省厅在"开发优先"的基础上做环境评估，与当地居民及自然保护团体之间产生了巨大的社会问题，此问题持续至今。简而言之，过去各省厅做环评时以开发者和省厅利益为优先，忽视了地区自然保护、景观、居民健康及生活环境。水俣病距今已有40年，我们仍在进行对被害者的补偿与环境监视。最近典型的例子就是，随着谏早湾工程的结束，环境问题也随之出现。本文从过去的海岸填海造田、疏浚工程等环境评估的实例出发，整理了在国家和地方自治体指导下的环境评估课题，思考应对海洋环境新发展的"海洋环境调查方式"。

（石川公敏）

第一节　海洋环境新课题

可以毫不夸张地说，日本近年的"环境问题"与 1960 年代的经济高速发展可谓亦步亦趋。20 世纪 60 年代，以重工业为中心的产业发展迅猛，引发了破坏自然环境的"公害问题"，给人类健康带来了重大影响。当时由国家及地方自治体紧急制定法律及公害防治协定。在此期间，政府开展了沿岸的环境研究，设立了国家研究机关和各自治体的公害、环境、卫生中心等，这些机构成为收集、解析、研究沿岸环境数据的中心。民间机器制造商在检测技术的开发上取得了很大进步。20 世纪 60 年代下半叶，继续在大学中开设有关环境问题的讲座，培养专业人才。30 年后，即 20 世纪 90 年代，终于解决了可怕的环境污染问题（包括水环境、堆积物环境、大气环境等）。但是，大气污染问题、水质污染问题尚未得到解决。在沿岸地区，各个地区对于污染物、环境的种种变动因素及知识积累还很少，大多数人缺乏相应的科学知识，人才数量不足，缺少使经验发挥运作的系统。

1971 年，制定了有关水质污染的环境标准。此后，增加了新的条目并进行了若干改进。但有必要据现今环境制定新的条目。特别是要重新审视有机物含量指标，即 COD。为了维持水底生物的栖息环境，在夏季，底层的溶解氧浓度至少要保持在 $2—3 \, \mathrm{mgl}^{-1}$。环境标准的新方案需要探讨生物指标及引入保护沿岸生态系统的综合指标。

今天，地球环境保护及环境问题的社会重要性日益增大。同时，对于沿岸地区环境，为了恢复因填海造田、疏浚、护岸工程等而遭受破坏的环境生态系统，人们需重视环境修复技术。因此，人们开始开发新技术，引入新的施工方法。人们开始认识到把沿岸环境问题作为一个特定体系加以看待的重要性。

日本的沿岸地区人口密集，环境受人类活动影响很大。有机物及营养盐通过河流、下水道处理厂流入内湾和沿岸地域，导致营养过剩。夏季会发生大量赤潮和青潮，影响鱼类贝类，引发了很大的社会问题。由于滩涂和浅滩被填埋，沿岸生态系统的物质循环和生态生产功能下降。在利用这些沿岸海域流域的生态系统功能的同时，做好其保护及修复是 21 世纪的重要课题。已有学者提出，应在考量河流的生物形态、景观、水的颜色和气味等因素后提出包含沿岸海域生物形态和景观的综合指标（小仓，1996）。美国提出了把流入湾河的流汇水水域作为一个支系考虑的"汇水域法"，并于 1983 年开始实行该方法。

（小仓纪雄　石川公敏）

第二节 流域的综合保护及管理

一、环境标准新思考

1971 年制定了以防治公害为目的的关于水质污染的环境标准。如今有必要制定新的条目。

重新审视 COD

COD 被看作是海域有机物含量指标。虽然 COD 和有机碳浓度有关，但当有机碳浓度到达 $1 \ mgl^{-1}$ 以下时 COD 几乎为 0，所以 COD 并不是完全正确的指标（小仓，1979）。

如今，多数机构都测定有机碳浓度，有必要引入具有科学意义的有机碳浓度作为海水中的有机物含量指标。

引入生物指标及保护沿岸生态系统的综合指标

被污染的海域水质变动很大，海底生物长期受到水质影响。因此，引入海底生物等生物指标可以抵消短期的水质变动影响。为了维持海底生物能够栖息的环境，探讨夏季海底的溶解氧浓度至少保持在 $2\text{—}3 \ mgl^{-1}$ 等保护生态系统的指标也很重要。有学者提出考虑到河流的生物形态、景观、水的颜色和气味等因素，也有必要重新探讨及引入包括沿岸海域的生物形态和景观等的综合指标（小仓，1996）。

二、环境如何达标

在流域中，污染的发生源很多。为了保护及管理沿岸地区，需要综合考虑从河流的源流域到河口、沿岸地区的整个流域，控制各个发生源的污染物，减少流入海洋的负荷。

水源林的保护

森林对河流的水量有一定的保护能力，还能维持良好水质。采伐森林会增加流入河流中的硝酸盐和钙离子的浓度，给下游地区带来富营养化（Likens et al.，1970）。研究显示，若在已被采伐的山地上植树，随着树木的生长，沿岸地区的鱼类贝类也将随之增加（东，1992）。

农田、水田的保护

农田，特别是水田，担当着防止洪水的发生以及滋养地下水的重要作用。并且，水田可以对过多的硝酸盐进行脱氮，有净化水质的作用。水田和农田具有保护环境的功能，应尽量保护并利用现存水田及农田。

处理污染源

要从各方面削减污染源。要削减雨水中的大气污染物、农田内过多的肥料、工厂造成的污染、家庭造成的污染。

通过做好我们身边的厨房的排水工作，可以削减 20%—30%的 COD、BOD。只要东京湾流域 2%的住民参与，1 天将削减约 6 吨的 COD。这相当于 30 万—40 万人规模的下水道处理厂的处理效果（藤原，1987）。

侧沟、水渠的对策

侧沟、水渠中，可以考虑使用木炭净化法。八王子市的主妇们开创的使用木炭净化水质的方法得到了巨大反响，在各地被广泛使用。由于使用木炭来净化水质时效果受水质及水量影响，所以有必要根据排水管道的具体情况来确定所需木炭的数量。

利用河流的自净作用

河流本来就具有自净作用，但是，为了预防洪水，城市中的河流流量受限。因此，很多河流的自净作用没有有效地发挥出来。最近，各地多采取可以更好利用原有生态体系的河流修建手法，这对水质净化很有效。

河口、沿岸地区的对策——利用滩涂、浅滩

滩涂和浅滩内有多种多样的生物，促进了有机物分解、脱氮等自净作用。但是，东京湾过去有 136 km^2 的滩涂，到 1980 年减少至 10 km^2（环境厅，1990）。水深 10 米以下的浅滩也减少了 1/2。随着滩涂、浅滩的减少，东京湾的自净能力变差，导致水质改善迟缓。

滩涂不仅是水质净化之地，也是人们娱乐消遣之地和水鸟栖息地。滩涂也是一块有着文化、社会、经济价值的土地。可以说，滩涂生态系统的保护和再生，从多方面看都是很重要的。

要想防止沿岸地区水质污染，就必须从陆地开始削减污染负荷量。因此，修整流域下水道、改善家庭排水、做好农业畜牧业排水工作等都是很有效的。为了强化支流和沿岸地区的自净作用，也可以采取直接净化河流、种植芦苇等水生植物和制造人工滩涂、藻场等措施。应减少人工能源，有效利用其自净能力。但是，自然生态系统的净化力是有限的。应重新审视沿岸城市人口过度集中、流域地区资源和废弃物循环利用等问题。

（小仓纪雄）

第三节　环境评估现状
——填埋工程、港湾建设

在批判环境评估时，人们常常混淆了受评项目在经济层面上的合理性（对当地经济发展毫无帮助的项目不受欢迎）、对环境不友好（仅会破坏环境）、对环境影响的把握以及评估不足（没有仔细调查，只是粗略地预测）、环境影响评估制度手续层面上的不足（免除了对环境有很大影响的项目的评估手续）等。环境影响评估制度基于法律条令被定为行政手续。行政手续重视公平性，排除了判断的随意性。无论申请人是谁，何时申请，对同等条件的项目用同一种判断和处理方式。这也常常导致手续过于机械化，仅仅是罗列标准值的行政手续对改变以往的环境评估并没有多大帮助。首先，要弄清是凭借何种理由制定了怎样的手续？而且，有必要检验所制定的手续可否运用到实际中去。

一、《环境影响评估法》的出台

基于新的环境政策基本理念的《环境基本法》于 1993 年制定。该法第 20 条明确写入了"推进环境影响评估"的内容。因此，1997 年 6 月，制定了《环境影响评估法》，并于 1999 年 6 月开始全面实施。在此后的半年里，出台了有关具体实施的《基本事项》（1997 年环境厅告示第 87 号，第 88 号）。现在有关省厅还在继续完善法令。

向国会提出环境影响评估法案的理由如下。"在实施大规模开发工程等之前，由工程方自身对环境影响进行评估，注意环境保护，防环境恶化于未然，这是为了构建可持续发展社会极其重要的策略"。在日本，"1972 年内阁会议以来开始关注这一问题，1984 年内阁决议后，做出了很大的成绩，多数地方公共团体的环境影响评估制度也进行了修改"。

环境和自然环境财产给人类社会带来了一定程度上的便利及益处，但其经济价值尚未以货币价值的形式被估算。由于自然环境资源尚未适应市场经济的原理，谁都有资格使用自然资源，所以，在高度发达的社会中，官方有必要介入有限的自然环境资源的管理及利用。20 世纪 60 年代的多数公害问题，都是由于特定的企业过度消耗了沿岸的自然环境资源所产生的。日本通过 1970 年前后实施的一系列政策使得官方正式介入。《公害对策基本法》（1967）规定了环境标准值（1970），企业通过遵守其准则后恶劣的环境得到了改善，全国环境质量得以提高。内阁于 1972 年通过了"各种公共项目的环境保护相关对策"，组成了环境影响评估的一环。也就是说，由于日本曾经有过公害问题的历史，官方强制对项目实施者进行环境影响评估。

1972 年，内阁通过了《各种公共项目的环境保护相关对策》，制定《公害对策基本法》，修改个别项目法。在《公有水面填埋法》中，《记载环境保护措施的图册》被作为填埋许可申请书中需要附上的图册之一（1973 年制定施行规则）。此后，1981 年，政府出台了《环境影响评估法案》，但在 1983 年随着众议院解散而废止。政府以该法案为基础，1984 年在内阁通过《环境影响评估的实施》的同时制定了环境影响评估实施纲要。内阁决议如表 1 所示，针对各种项目制定了环境影响评估手续。另一方面，基于《公有水面填埋法》和《港湾法》等个别法律，制定了环境影响评估手续。此后十几年内，地方公共团体也引入了环境影响评估制度。1997 年 1 月，59 个都道府县和政令市中的 51 个制定了条例及纲要，环境影响评估逐渐得到普及。

表 1　环境影响评估实施纲要的目标项目

（1）新建道路等 ● 高速车国道 ● 一般国道 ● 首都高速公路、阪神高速公路、指定城市高速公路（4 车道以上）

（2）新建大坝和其他河流项目
- 大坝（积水面积为 200 公顷以上的一级河流）
- 湖水及沼泽开发、泄洪道（土地改变面积为 100 公顷以上）

（3）铁路建设等
- 新干线铁路

（4）飞机场建设等
- 滑道为 2 500 米以上

（5）填埋和填海造田（包括废弃物最终处理厂）
- 面积超过 50 公顷
- 废弃物最终处理厂，面积 30 公顷以上

（6）土地区划整改工程
- 面积 100 公顷以上

（7）新住宅市区街道开发工程
- 面积 100 公顷以上

（8）工业地建造工程
- 面积 100 公顷以上

（9）新城市基础设备工程
- 面积 100 公顷以上

（10）物流用地建造工程
- 面积 100 公顷以上

（11）由专门法律所定的法人进行的土地建造（住宅、城市整修公团、
　　　地区振兴整修公团、公害防治事业团、农用地整修公团工程）
- 面积 100 公顷以上
- 农用地，面积 500 公顷以上

（12）适用于（1）—（11）的项目

二、评估手续

（一）谁，因何种目的使用该手续？

一般来说，环境评估即预测项目对环境的影响，评估其影响大小，从环境层面考虑是否可以批准该项目（西村，1980）。在行政手续方面也要考虑：是否给予填埋者许可权？若给予许可权，是否需要附加条件？因此，环境影响评估书的目的是在交付行政权限所产生的许可、认证、批准、补助金时，判断该项目是否充分考虑了其对环境的影响，此想法在《环境影响评估法》（1997）中被沿用。

（二）在行政判断上环境影响是唯一标准吗？

企业的行为是基于公平竞争原则的自由经济活动，而公共事业则具有公益性质。环境影响评估要求在同一标准上客观评估某项项目的经济性和公益性，两者的最佳均衡点和适宜环境的投资额等。但是，不管在环境经济学上作出了多大努力，在现实中，环境影响所产生的外部浪费，就如今所能了解的来说，是无法用货币来衡量的。有时候必须用与经济标准不同的其他标准进行环境评估。因此，通常从以经济为标准的项目计划及非经济为标准的环境影响这两方面出发，进行评估。结果是，环境影响评估手续与工程本身在经济层面上的合理性存在相当一段距离。《环境影响评估法》中的环境影响评估也只是"实施大规模工程开发之前，工程方自身进行环境影响评估，考虑保护环境"的手续。

当项目属于公共事业时，工程计划立案、环境影响评估中被评估人和评估人都在同一政府或地方公共团体内部进行（图1）。基于环境影响评估结果，对环境的影响和工程行为的必要性、公益性等进行比较，在"工程局"和"环境局"的协调下进行。同时，对工程合理性的综合判断也由行政厅内部决定。

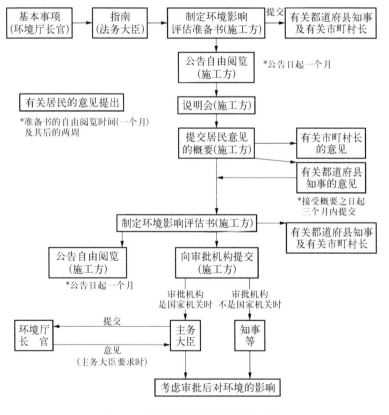

图1　环境影响评估实施纲要流程图

川崎市基于《川崎市环境基本条例》（1991 年川崎市条例第 28号）针对由川崎市实施的开发工程及可能对环境造成重大影响的危险工程，制定了图 2 的手续流程。把环境调整会议的审

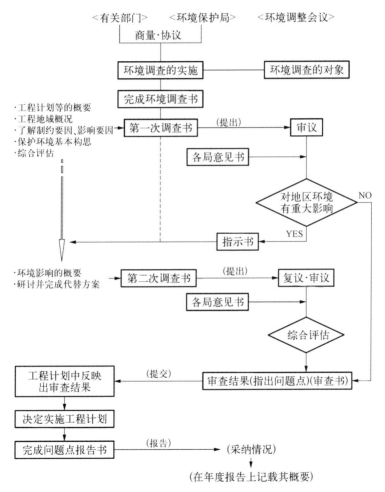

图 2　川崎市环境调查指南规定的工程开发流程图

议、评估等以指示书、审查书的形式反映出来。由有关部门和环境保护局协商决定如何应对指示书。

与地区关系密切的工程由地方公共团体领导决定，可以在财政上想办法，保障经济与环境的平衡。能在沿岸地区筑造泥滩以尝试对环境进行改造，自然需要得到国家的支持，但首先是由地方公共团体独自进行尝试的。

另一方面，大型工程的环境影响评估一般会公布工程的必要性，及工程将如何振兴地方经济的计划。尤其是物流及防灾设施等社会不可或缺的基础设施，其作用和规模很大，所需经费也很巨大。为了充分利用这些设施，对周边进行整改，以期此工程完工后可以长期使用。广义上的工程公益性及其所产生效果，与环境影响评估成为一体。

因此，环境影响评估手续最终反映了行政权力行使者的判断。从曾经遭受公害的历史看，其具有强制工程方（有可能成为"加害者"的一方）实施手续的特征，重视客观性，要求对具体工程计划进行评估。这种影响评估，在制订具体工程计划后展开，是对环境影响的独立评估，与工程的公益性关系不大。因此，计划的更改容易变成行政厅内部协商。

三、环境影响评估概要

（一）了解环境的方法和环境要素

20 世纪 60 年代至 70 年代，人们开始摸索各种环境影响评估方法（稻村，1975；大槻，1979）。当时，稻村（1975）

广泛探讨了环境评估的空间范围和评估时间点之后，列出了以下 10 项评估方法所应具备的条件：① 方法必须可行；② 使用的数据在经济上和技术上都是可以被调查的；③ 网罗了可以找到的各种环境要素；④ 技术储备和工程规模对象具有灵活性；⑤ 评估尽可能客观且具有科学依据；⑥ 有可引入专家知识的系统；⑦ 构成要素的测定尺度和评估标准明确；⑧ 可评估间接的环境变化；⑨ 可进行全方位综合评估；⑩ 充分反映当事者的意向及价值观。稻村的评估方法，不仅意识到了手法的实用性，同时，也注意到了综合性及客观性。

环境体现了人和周边的关系，是一个综合概念。对综合性进行评估或提出环境指数这种综合指标是十分困难的。首先，要把综合概念分成单个要素，在公害对策基本法体系下，典型的 7 大公害（水质、大气、振动、噪音、土壤污染、恶臭、地盘下沉）是最主要的课题。因此，将构成环境的要素分类为水质和大气等，再把水质细分为 COD 和 DO 等。

基于《港湾法》（1950 年法律第 218 号）第 3 条第 2 项制定了评估港湾建设的环境影响的《港湾开发、利用、保护及开发保护航路基本方针》（1996 年运输省告示第 631 号）。

（二）环境调查

环境影响评估手续规定了评估项目、预测方法和评估标准。例如，运输省于 1985 年就新干线建设和运输省所辖公有水面填埋制定了《运输省所辖大型工程环境影响评估实施要领》（运输省运环第 25 号）。其中，规定了环境影响评估准备书的制作、公告、自由阅览的手续。1986 年，依据港湾局长通告（港管第 716 号），制定了《填埋及填海造田等的环境影响评估指南》，内容包含调查、预测、评估等手续。

根据上述指南，环境影响评估调查按以下顺序实施。

1. 掌握可能影响环境的要素；

2. 自然条件和社会条件调查；

3. 环境要素调查；

4. 预测；

5. 评估；

6. 探讨环境保护对策。

此流程可用图 3 表示。

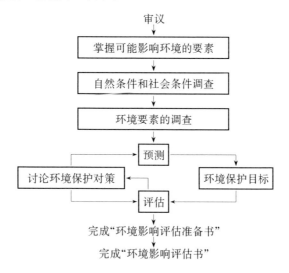

图 3　《填埋及填海造田等的环境影响评估指南》之调查程序

政府规定用以下两种方式来掌握可能影响环境的因素。即（1）工程（2）存续。所谓工程，就是施工人员所施行的填埋工程。所谓存续，就是工程完成之后土地及设施的存续。填埋许可的环境影响评估包括填埋工程进行时的影响评估及完工后按计划利用土地时的影响评估。对港湾建设进行环境影响评估时，因其不规定设施构造和施工方法，所以不对工程做具体规定。

自然条件和社会条件应该调查以下项目。自然条件中包括气象、水象；社会条件中包括人口、土地利用、水域利用、交通、产业，及其他环境相关法令指定的项目。根据工程和存在的规模，合理划定调查地区。

环境要素根据工程存续和地域特征加以选定。原则上有以下几个分类。

1. 有关防治公害的

大气污染、水质污染、噪音、振动、恶臭。

2. 有关自然环境保护的

地形、地质、植物、动物、景观、野外娱乐用地。

（三）影响的预测

上述《填埋及填海造田等的环境影响评估指南》中，有关影响预测的基本想法如下。

1. 预测

预测是根据调查结果进行整理、分析，就有必要进行预测的环境要素，弄清一般因填埋会产生何种环境变化。在选择预测方法时，应留意其特性、适用条件、调查地区的特性等。

施工者采取防治公害及保护自然环境的措施时，预测时应把这些措施考虑在内。

2. 预测的时期

（1）工程实施过程中具有代表性的时期；

（2）填埋等竣工时期。

3. 预测地域

预测地域是指可以对环境状态变化进行预测的区域。

以水质污染为例，环境预测有如下方法：

1. 预测项目

浮游物质量（SS）

根据工程对象及地域特征，有时需增加化学氧气要求量等项目。

2. 预测方法

根据既存事例的引用和分析进行基于数理模型的数值计算。

水质和空气质量等实用的定量预测也作为数值模型加以确立。在此领域中，采用基于数值模型定量预测影响。对景观进行预测时，可用蒙太奇照片，预测对动植物的直接影响和栖息地的消失时，也应尽可能采用定量预测。

一般来说，基于数值模型做预测时，先确认模型可以再现现状，确认模型的可用性之后，开始预测。

在计划建设港湾时，为了研究计划实现后所产生的影响，比起展示工程所产生的直接影响的 SS，更应该把主要显示环境等级的 COD 作为重点。

（四）评估

此外，有关评估，《填埋及填海造田等的环境影响评估指南》的基本构想如下。

1. 评估依据环保目标，明确施工方的想法。

2. 评估与防治公害有关的项目时，应评估其是否能够保护人体健康，是否影响生活环境保护。

3. 评估与自然环境保护有关的项目时，应评估其是否对自然环境的恰当保护产生不良影响。

4. 评估时，如有必要，需考虑地区未来的环境状态。

有以环保为目的的环境标准值时，应依此数值进行评估。环境标准值有着重要的意义。但是其未必对所有工程都制定了标准。比如说，填埋常常形成污浊（SS 等）问题，是环境影响评估的一项。但是，海域环境标准值中并未对此做出规定。也就是说，把环境标准作为基础进行环境评估，只要遵守环境标准，即可基本保护环境。

以环保为目的的环境标准值并不一定是综合环境指标，同样，数值模型也无法预测某些细节（石川堀江，1994）。模型是把现象抽象化，而非再现每个现象。而且，模型的边界条件使用的是有代表性的平均值，把湾岸各工厂的准确数值代入模型的尝试，在掌握河湾环境和水质预测时并不常用。人们应根据工程规模和场地，采用适当的预测和评估手法。

受科学水平和观测、预测技术所限，就容易陷入"若要探讨严密性其实万事都有漏洞"，"在某种前提下做预测会有这样的结果，其他就很难说了"的困境。对于特定工程的环境影响做预测和评估时，指出其"因忽视了某细节所以不完整"并没错。在这种情况下，就要讨论"被忽视的部分，实际上是影响环境的重要因素"。于是，就出现了"忽视了重要的部分，所以不严密"的看法。接下来就变成了"那究竟有多重要呢"这样的问题。还要考虑当地环境哪一部分更重要、如何掌握环境构造等问题。因此一直以来的环境影响评估中，评估要素是以7大公害问题为中心的，预测方法也有尽量和常规方法保持一致的倾向。环境标准值就水质、大气、噪音等不同环境要素做出规定，这与环境评估是一致的。

由于就环境影响做评估时预测并非绝对正确，有人提议从工程实施到工程结束一直进行环境监测，应对未知现象和尚不明确的环境影响。也有人提出为了确认预测是否准确，需要对环境进行监测。事后监测对环境影响评估方法的技术改善也有帮助。

（五）探讨环境保护对策

完成评估后根据实际情况探讨需采用何种对策。为证明对策的有效性，需再次预测并评估采取对策后对环境的影响。

四、新环境影响评估的启示

(一)过去的环境影响评估之问题所在

日本海洋学会于 1994 年回顾 1970 年的《水质污染防止法》、有关防止海洋污染及海上灾害的法律的成立背景及此后的沿岸环境政策,并总结了沿岸环境评估的现代及未来可能的发展。其中石川(1994)列举了今后的三个问题点,整理了今后有关封闭海域的相关课题。

1. 应该如何制定环境的标准?应在怎样的时间和空间,进行环境影响评估?

并非一律机械地进行调查分析,应从工程和施工地域的特性出发,了解评估对象。

应在符合该对象的时间、空间规模下,进行观测评估。

2. 对生态系统的哪个部分进行环境影响评估?

沿岸的环境处于生活在此环境的生物的相互关系中。应分析生物的作用,特别是应该从食物链出发,分析整个生态体系。

应该采用符合该地区及工程特性的详细的方法。

3. 应如何进行影响评估?

应该重视对水生生物的影响,引入最新科学知识和仿真技术,注意定量评估。

4. 封闭式海域的环境影响评估的课题

(1)海湾地域一体化保护管理。

（2）实现为掌握流入负荷的监测体制。

（3）大幅削减营养盐流入负荷，改善底层缺氧问题。

（4）管制填埋、筑造泥滩，以期增强海湾内净化功能。

（5）将 DO 加入环境标准。

新的环境影响评估法将如何应对以上课题？

（二）环境影响评估法概要

此法案立足于环境影响评估于环境保护的重要性，并在第1 条陈述了法案的目的。

1. 明确环境影响评估中国家的责任及义务。

2. 为确保环境影响评估顺利进行而制定手续，有关工程内容的决定会反映环境影响评估的结果，确保有关工程能做到尽量保护环境。

3. 帮助保障国民现在及未来的健康和文化生活。

第 2 条定义环境影响评估为"探究工程对环境的影响，调查各环境构成要素，开展预测及评估。在此过程中，探讨相关环境保护措施，综合评估实施该措施后对环境的影响"。

该法律的对象是指规模较大，可能对环境造成巨大影响的工程。包括道路、大坝、堰、飞机场、公有水面填埋发电厂等。此外港湾的建设计划也是法律所规定的对象。

法律所指对象工程，根据其规模，分为第一种工程和第二种工程。所谓"第一种工程"，就是必须依法实施环境影响评估的、一定规模以上的工程。所谓"第二种工程"，就是规模接近第一种工程，依照工程的内容和地域状况判断环境影响评估的必要性的工程。环境影响评估法施行法令规定了第一种工程和第二种工程的规模。例如，在公有水面填埋工程中，填埋面积超过 50 公顷为第一种工程，40 公顷以上 50 公顷以下为第二种工程。

施工方需制作环境影响评估方法书并解释其进行环境影响评估时的方法，进行公告、自由阅览，听取意见后，确定适合工程和地域特性的环境影响评估方法。此后，施工方制作环境影响评估准备书，进行公告、自由阅览、听取意见后，在记载事项里再加以研讨，制作环境影响评估书。将评估书交付审批机关，听取意见之后，按需进行修改并公示。法律规定，公示环境影响评估书前，不得开始施工。而且，环境影响评估结果，需要反映到对象工程的审批上。

1997 年 12 月，环境厅长公布了包括环境保护措施指南等的省令《基本事项》。(1997 年环境厅告示第 87 号，第 88 号)

(1) 基本事项中规定依据：① 基于个别工程内容（工程特性）的判定标准；② 基于环境状况及其他情况（地域特性）的判定标准。根据以上标准来判定第二种工程。

(2) 表 2 则列举了环境要素和影响要因的分类。所谓环境要素，是受工程影响的环境要素，粗略分为四部分：具体有 ① 大气、水、土壤等自然环境；② 植物、动物及生态系统；③ 人类经常接触的自然景观、活动场地；④ 对环境产生负荷的废弃物和温室气体等。

表 2　环境要素及影响要因分类

（1997 年环境厅告示第 87 号附表）

环境要素分类			影响要因分类 小分类 小分类	工程	存在、共用
维持环境的自然构成要素的良好状态	大气环境	空气质量			
		噪音			
		振动			
		恶臭			
		其他			
	水环境	水质			
		底质			
		地下水			
		其他			
	土壤环境、其他环境	地形、地质			
		地面			
		土壤			
		其他			
确保生物多样性及保护自然环境体系	植物				
	动物				
	生态系统				
人和自然共存	景观				
	活动场地				
对环境产生的负荷	废弃物等				
	温室气体				

所谓影响要因，指对环境影响的一面。分为① 工程；② 存在、共用两种。

此外，选定指南还指定了环境影响评估的标准项目、调查、预测的标准方法。而且根据需要，可以重点化或简化调查的项目和方法。而且，探讨了对于评估的思考，对多个方案的比较，以及为了更好实施评估所开展的技术引进。

（3）关于环保措施，优先考虑没有或降低环境影响的要素，根据需要，探讨环境补偿措施。环保措施应在施工者可能实施的范围内进行。根据不确定性和影响重大性，探讨事后调查的必要性。

依据以上基本事项，制定了针对各个工程的主务省令。

(三) 环境影响评估的发展方向

石川（1994）整理的课题中，阐述了环境影响评估手续三个问题点的发展方向。

1. 如何制定环境的标准？环境影响评估应该在什么时间、空间下进行？

为了适应地域和工程的评估方法及重点化评估，引入了审查手续。要从环境影响的时间、空间规模进行调查，沿岸环境科学知识体系尚不完善，希望能够尽快积累更多的研究和评估事例。

2. 对生态系统的哪个部分进行环境影响评估？

生态系统评估有明文规定，对于沿岸生态系统，从食物链角度，对每个物质循环过程的速度进行评估和系统分析。但是，若对生态系统的了解过分依赖还原要素的方法，就会缺少要素再次构成时对系统的了解。生态系统要素过程的速度计量中，需要依据观测时间，有季节变动。而且，观察时波动很大。为了详细地进行测定，可以预计需要花费大量时间和经费。希望在更多领域，能够开发出精确进行环境评估的实用测定技术。

在各地审查和公告、阅览、听取意见等程序中，对本地区熟悉的人们的意见越来越受到重视。但是，详细的研究调查，在实施环境影响评估程序中，也有其局限性。

3. 怎样进行影响评估？

人们开始越来越关注对生物和生态系统的影响。虽然生态系统模型的利用得以推进，但生态系统中，还有很多不明点和未知点。环境影响评估只是把特定工程的影响评估作为目的，为此所进行的调查，需要大量时间。要想得到大致妥当的结论，需要积累必要的技术知识。同时，对环境，每个人有不同的理解，存在不同意见。在认识到制度和模型都有局限性的同时，有必要考虑灵活的运用方法。

对于创造环境的努力，作为影响减轻措施和环境补偿措施进行评估。

（四）今后的动向

如今，为了落实《环境影响评估法》，正在探讨具体的手续，有必要关注其动向。

　　一直以来的政府评估是没有法律依据的行政指导，环境影响评估程序与之相比作为法律体系，更加明确、更有力。环境局反复强调，"企业、市民、自治体、国家"这种"不同主体间的联系"，为了体现这种环境基本法精神，有必要通过新的法律进行环境影响评估。对于"由熟知该地区环境的主体，决定地区环境应有的形态"这种动向，国家的参与和应对姿态正是需要得到关注的时候。《环境影响评估法》要求评估结果要反映在"与工程内容有关的决定"中，要求"考虑到合适的环境保护"。但是，工程计划本身基于个别的工程关联法起草，关于"工程的公益性及环境影响的比较考量"，需要在许可厅的行政处分的判断下进行探讨。就是说，《环境影响评估法》由《河流法》和《海岸法》、《港湾法》、《公有水面填埋法》、《废扫法》（有关废弃物的处理以及清扫的法律）等构成。沿岸环境，从日本的社会组织和结构上，都与市民生活和产业紧密相连。制定《公害对策基本法》时，国会中出现了修改个别法的热潮，个别法反映了《公害对策基本法》的精神。但是，《环境基本法》制定之后，除了修改《河流法》时考虑到了生态系统保护，与制定《公害对策基本法》时相比，并没有意识到对生态系统的保护。内阁决议之后，环境影响评估的程序和运用的内容为人们所认识，这也是原因之一。但是，对"海湾地域一体化综合管理"等封闭式海域问题的新课题，今后有必要在改善法律体系和完善行政组织上下工夫。

在高度发达的日本社会中，人口众多，人们过着在沿岸建造城市，从外部进口大量资源的生活。陆地上的负荷最终流入海洋，社会经济活动对沿岸环境造成很大影响。未来日本人的衣食住将如何维持？如何改变？在此番讨论中，有必要深入讨论海洋价值和自然环境的作用。长期综合的沿岸地域管理组织和策划规定，国家、自治体、企业、市民之间的合作，提高信息公开和行政责任说明等，这些都是极其重要的课题。其中，有必要明确立法部门应做何讨论、行政部门应做何努力，弄清环境影响评估程序应该承担哪些责任。

本文于 1998 年 1 月经由出版策划者提议，配合《环境影响评估法》的制定而逐渐修改出来。与《环境影响评估法》说明相关的政省令和行政手续都不断有新的规定。而且，在个别工程环境影响评估程序中，即使在法律完全施行之前，也进行了基于《环境影响评估法》的探讨和议论。在本文付印之时，虽然尽可能依据最新情况进行讨论，所记述的部分内容或许依然比较陈旧。因时间限制，这仅仅是基于某个时间的知识所进行的探讨，此点敬请谅解。

（堀江毅　细川恭史）

参考文献

2

新舩智子ら（1991）：木炭による水質浄化実験とその評価．用水と排水，**33**，993‐1001.

藤原正弘（1987）：生活排水と水質保全. 用水と排水，**29**，5 – 10.

東　三郎（1992）：北海道：森と水の話. 北海道新聞社.

加藤文江（1988）：浅川周辺住民の手づくりの河川浄化—木炭による浄化の実験から. 水質汚濁研究，**11**，24 – 26.

環境庁水質保全局編（1990）：かけがえのない東京湾を次世代に引き継ぐために. 大蔵省印刷局.

Likens，G. F. *et al*.（1970）：The effect of forest cutting and herbicide treatment on nutrient budgets in the Hubbard Brook watershed-ecosystem. *Ecol. Monogr.* **40**，23 – 47.

小池勲夫（1993）：生物とその働き：微生物. 東京湾—100年の環境変遷，小倉紀雄編，102 – 117，恒星社厚生閣，193p.

向井　宏（1993）：生物とその働き：底生生物. 東京湾—100年の環境変遷，小倉紀雄編，77 – 101，恒星社厚生閣，193p.

小倉紀雄（1979）：化学調査—TOC，COD. 海洋環境調査法，日本海洋学会編，291 – 300，恒星社厚生閣，666p.

小倉紀雄（1996）：水圏科学の最前線. 環境研究，（100），85 – 89.

呉　鐘敏ら（1992）：自然浄化機能としての野川における脱窒過程の役割. 水環境学会誌，**15**，909 – 917.

3

油谷進介（1991）：港湾整備に関する環境アセスメント技術マニュアルの開発とその適用について. 土木学会環境システム研究，**19**，183 – 188.

石川公敏（1994）：環境アセスメントの改善と将来. 海洋環境を考える，日本海洋学会編，恒星社厚生閣，181 – 182.

石川公敏・堀江　毅（1994）：環境アセスメントの今日までの経緯. 海洋環境を考える，日本海洋学会編，恒星社厚生閣，166 – 177.

伊勢湾研究会編（1995）：伊勢・三河湾再生のシナリオ. 八千代出版，183 – 204.

稲村　肇（1975）：港湾計画における環境アセスメント手法. 港湾技研資料，No. 214，24p.

大槻　忠（1979）：いろいろな環境影響評価手法. 武蔵野書房，154p.

西條八束・奥田節夫編（1996）：河川感潮域. 名古屋大学出版会，231 - 244.

千秋信一編著（1988）：新体系土木工学別冊環境アセスメント. 技報堂出版，329p.

西村　肇（1980）：環境と経済を含めた総合アセスメント. 武蔵野書房，179p.

日本海洋学会編（1994）：海洋環境を考える. 恒星社厚生閣，193p.

運輸省（1985）：運輸省所管の大規模事業に係る環境影響評価実施要領.

運輸省港湾局長通達（1986）：埋立及び干拓に係る環境影響評価指針.

環境庁（1997）：平成 9 年環境庁告示第 87 号，第 88 号.

第二章
沿海环境改革事例及课题

序

　　在过去的环境评估上，我们的不足在哪里？为了整理出今后的课题，就现在作为最大的社会问题而备受关注的沿海环境问题，列举了伴随河口流域和内海湾流域的开发而实施的评估的例子。具体举出河口堰、潮滩等填海造地的例子。为了落实《环境基本法》的"持续性的开发"、"与自然共存"、"地球环境问题"等政策，首先要梳理与这些政策有关的审核及决策方式、信息公开现状及方法、调查技巧及调查结果的分析方法、专家参与的方式、政府参与的方式等。在此基础上，对今后将要开展的开发计划及其实施方法、信息公开、各委员会及评审会作用、居民参与等提出了具体建议和今后课题。

（石川公敏）

第一节　长良川河口堰

长良川河口堰问题，历经 40 年仍未解决。由于受到社会以及自然条件的影响，其间甚至还改变了建设目的，可见建设过程极其复杂。对河口堰建设的必要性以及影响等存在很多质疑，即使在河口堰建成甚至开始运行后这些质疑仍存在。持反对意见的团体也在这个过程中发生了变化。直到我们开始参与的 1990 年（堰的建设已经开始）前，在政府和持反对意见的市民团体之间已经争论了约 30 年，这些争论在思考评估问题上是非常重要的。有关这个问题的具体详情由"反对长良川河口堰的市民团体"编制的"长良川河口堰"（1991）详细记述，因此在此省略。

笔者从 1990 年开始对长良川河口堰问题中的水质问题展开调查。因此，本文主要围绕水质问题，分如下 5 个方面，把1990 年到 1998 年的经过，按照年份进行阐述：

（1）决定建设河口堰的背景；

（2）政府与日本自然保护协会（财团）等 NGO 的争论；

（3）河口堰现状；

（4）长良川河口堰的经验启示；

（5）专家、学会所要起的作用；

（6）小结。

一、建设河口堰的背景

（一）河口堰建设的构想主要源于对水的需要

早在 1959 年就有了"长良川河口堰构想"。这是伊势湾台风之前的事情。当时日本正处于经济快速发展初期，在中京工业地带大规模推进重化学工业，因此中部地区认为"水不管有多少，都不嫌多"。

1961 年制定了《水资源开发促进法》。1965 年木曾川水系被指定为水资源开发水系，根据这个规定拟定了包括长良川河口堰的木曾川水系水资源开发基本计划。但是，之后由于经济发展减速，对水资源的需求减少，该开发计划成为一个一直困扰着人们的问题。

伊势湾台风之后连续 3 年引发了大洪灾。因为这些洪灾，1963 年建设省将长良川的计划高水流量从 4 500 $m^3 sec^{-1}$，变更为 7 500 $m^3 sec^{-1}$。将预计今后 90 年内会发生一次的洪水量定为 8 000 $m^3 sec^{-1}$（基本高水流量），其中把 500 $m^3 sec^{-1}$储存到上流的水库里，让剩余的 7 500 $m^3 sec^{-1}$流入河道。

（二）建设部对河口堰必要性的说明

1969 年中部地区建设局的宣传手册《长良川河口堰计划——对长良川的保护以及利用》有以下内容：① 采用加流

量为 3 000 $m^3 sec^{-1}$ 的处理方法，是降低河床最合适的方法。在离河口 30 km 处进行 1 300 m^3 的疏浚。但是大规模的疏浚容易引起海水的逆流，这样会增大河口部的盐害。因此，要建设河口堰来阻止海水的逆流。② 如果要通过河口堰实现淡水化，那么也可以利用上流的水。预计东海 3 县今后对水的需求量会急速增多，木曾川水系直到 1975 年，所需要的各种用水量为 73 $m^3 sec^{-1}$。长良川河口堰通过淡化河口堰上流的水，可提供 22.5 $m^3 sec^{-1}$ 的水量。

由此可看出河口堰的主要目的为"以疏浚的方式防止有可能加剧的盐害"，对水的利用仅仅说明为"其结果是淡水化"。其中的"预测到的盐害"会不会产生？这成了在之后的很长一段时间内争论的中心话题。

但是，因为之后经济减速，以及工厂对水的循环利用的普及等原因，对工业用水的需求量没有增加，河口堰可供给的水量为 22.5 $m^3 sec^{-1}$，其中只有大约 3 $m^3 sec^{-1}$ 作为饮用水从 1998 年 4 月开始在爱知县知多地方使用。目前对于剩余的水的利用还没有计划。

（三）伴随河口堰建设的施工反对运动愈演愈烈

自从 1988 年 7 月开始建设河口堰，高举自然保护旗帜的人们组织了一个又一个的反对运动。以天野礼子为中心的反对运动，在全国范围内激烈展开。1989 年 5 月，日本鱼类学会向建设大臣提出了终止建设的意见书。

1989 年 11 月，"中部环境思考会"组织了有关长良川河口堰的学术会议以及实地考察。笔者也参加了这次会议，看到水资源开发工团的小册子上写着"河口堰形成的储存水流域，经常有水流进流出。因此，与一般的河水没有什么变化。所以，堰的建设给水质没有带来影响"。看到这种记载笔者奇怪地想到："干旱时也能说出同样的话吗？"这就是笔者之后从事河口堰问题的主要的契机。

二、政府和日本自然保护协会（财团）等 NGO 的争论

　　日本自然保护协会（财团）担忧日本目前河川所遭受的严重破坏，为了保护环境，于 1989 年设立了河川问题调查特别委员会。以在建河口堰的长良川为例子，以探讨河川保护的模式为目标，设立了长良川河口堰问题专门委员会。

（一）木曾三川河口资源调查（KST）是对河口流域水产资源的影响预测

　　从 1963 年到 1968 年，建设省为了调查河口堰建设对水产资源的影响，实施了"木曾三川河口资源调查"。这个调查团以信州大学的小泉清明教授为团长，约有 80 名学者参加并且持续了 3 年。据悉，这项调查的结果出炉之后，内阁在 1968年通过了"木曾川水系水资源开发基本计划"。

　　这次调查以水产资源为中心。这是因为，这个调查以香鱼的人工孵化研究为重点展开，并且取得了相应的成果。在当

时，日本环境问题尚未被关注，因此和最近几年的环境影响评估在本质上是有区别的。

在这份调查报告中值得一提的一点是，几乎每份调查报告都直接或间接地预测到了对水产动物的或多或少的不良影响。但是1968年7月出版的木曾三条河河口资源调查结果报告却未重视河口堰的影响，这与前述的KST报告有很大的差距。

日本陆水学会要求再次进行环境调查

有木曾三川河口资源调查以及日本自然保护协会长良川河口堰问题专门委员会等大量成员的日本陆水学会，1990年10月在山形大会上提出了"20多年前的木曾三川河口资源的调查中，对河口堰建设后的环境变化预测有不足之处。希望以新的环境评估为视角，以最新的科学态度和调查方法尽快实施综合调查"。

因此，建设省以及水资源开发公团称KST调查后还曾实施过各种调查，并把调查项目的清单寄给了会长。但是，其内容缺乏科学性。如，参与调查的人员只写某某大学教授，或者是某某顾问，没有公开真实姓名。并且没有任何支撑的数据材料。之后，日本生态学会也发表了相同的声明。

（二）日本自然保护协会以及其他团体开始对长良川河口堰的影响展开调查

从1995年3月开始，当地的年轻学者协会"河川的自然史研究会"对长良川下游区域的水质进行定期的检查。日本自然保护协会在重新审阅建设省以及水资源开发公团提出的资料之后，深感实际调查长良川的必要性，因此，与相关人员一起从 1990 年开始对水质、藻类展开了调查。"河川的自然史研究会"也参加了这项调查。并且，从 1994 年开始，长良川下游区域生物群调查团等也作为 NGO 参加了这个调查，组织了长良川河口堰建设监督调查组，对鱼子、仔鱼、幼鱼以及生物群，流域变化等进行了调查。

日本自然保护协会对这些调查成果作了题为《长良川河口堰建设存在的问题·中期报告》（1990），《长良川河口堰建设存在的问题·第 2 次报告》（1992）的报告。报告主要从自然保护的角度提出希望重新探讨长良川河口堰的问题。对河口堰建成运行之后的问题，作了题为《长良川河口堰建设存在的问题·第 3 次报告·围绕长良川河口堰运行之后的调查结果——汽水域的破坏和河川的湖沼化》的报告。

另外，从 1995 年秋季开始每年举行"长良川论坛"，以日本自然保护协会、长良川水质监督小组，以及岐阜大学的成员组成长良川下游区域生物群调查团、马苏麻哈鱼研究会、日本野鸟会等提供公开发表调查研究的平台，监督生态系统等的变化。

（三）河水的流量和浮游植物繁殖的可能性

对这个问题，日本自然保护协会在 1990 年 8 月发行的《长良川河口堰建设存在的问题 中期报告》中有如下描述。

"流量为 50 $m^3 sec^{-1}$ 时，堰建成之后通过预定的蓄水区域需要 8.5 天，这对植物浮游生物来说有充分的繁殖时间。另一方面，由于湖沼的富营养化，总氮的年平均数值为 1.2—1.6 mgl^{-1}，总磷的数值为 0.08—0.16 mgl^{-1}，这个数值与以富营养化水质污染严重而著称的诹访湖的数值几乎差不多。因此，如果干旱持续，长良川水中的植物浮游生物与诹访湖一样，叶绿素 a 的数值即使发生 100 μgl^{-1} 左右的变化也不足为奇。但是，出现的浮游植物不局限在青苔类。并且，施工造成的水草带的减少也会带来营养盐的减少，这会导致浮游植物的增加。在河口堰上流晴天时，会出现水温分层现象，由于浮游植物下沉，还有有机堆积物而产生的溶解氧的消耗，造成了底层的缺氧现象。即使是在河口堰下游区域，由于河口堰潮水被阻挡而造成海水停滞，因此，上层被淡水覆盖，形成贫氧水区域的可能性比较大"。

(四) 建设省对日本自然保护协会的反驳

1990 年 10 月，建设省发表了名为《有关长良川河口堰建设之后水质、底沉积物的问题》的文章。其重点如下："从类似的河口堰情况看，因藻类的异常繁殖而导致的聚集现象，只有在流速为 2 cm sec^{-1} 以下才会发生。长良川河口堰最低的流量也在 2 cm sec^{-1}，因此，认为在河口堰的上游区域不会发生因藻类的异常繁殖而引起的聚集现象。硅藻和蓝藻类等不同，不发生异类集聚现象。蓝藻类、硅藻类等的产生，按照之前的类似河口堰的经验来说，因为 COD 变化不大，因此，硅藻类不会单独成为问题。"

对此，日本自然保护协会的长良川小组作了如下的评价。"这个结论是用肉眼观察河口堰时，发现异常现象（也许是蓝藻产生时的情况）而记录下来之后加以总结的部分。不能说是通过科学的观测而获取的结论。但是，即使是蓝藻之外的藻类的产生，也会造成有机物负荷的增加，妨碍供水系统的过滤，对生态系统造成影响，因此，其异常的繁殖不可轻视"。

（五）政府以及 NGO 小组展开实地调查之后的争论
NGO 小组获取的最新的科学信息

1990 年 3 月，当地青年学者小组开始了对长良川的水质观测。实地调查了位于河口堰正上游的伊势大桥和河口堰完成之后作为储存区域的上游的东海大桥。他们对这两个地方每个月进行一次调查。在藻类产生可能性较高的夏季，每周进行一次调查。

开始观测的当年夏天，即 1990 年 8 月 12 日，大约连续 20 多天没有下雨，在伊势大桥发现表层水的藻类叶绿素 a 达到了 30 μgl^{-1}。尤其是在退潮时比较多，因此推定为不是海水所致。河水中的叶绿素 a 量最多也就是 2—3 μgl^{-1}，生化需氧量值超过了环境基本值 3.0 mgl^{-1}。在第二年 8 月 18 日时叶绿素值达到了约 60 μgl^{-1}，生化需氧量是 2.4 mgl^{-1}，符合环境基准值。但是，化学需氧量却高达 4.1 mgl^{-1}。两年来主要的浮游生物是梅尼小环藻。这是经常在大陆河川上能够见到的藻类。

从 1991 年到 1992 年，日本自然保护协会长良川小组获得来自日本生命集团的研究资助，对包括长良川河口堰的全国的河口堰，进行了夏季和冬季的观测。调查结果如下：

1. 一般认为日本的江河因为距离短又是急流，因此生息的主要是附着藻类，没有浮游藻类。但是，这次调查结果显示这个观点是错误的。通过这次的调查发现有很多以硅藻类为主的河川性植物浮游生物生息在此。（村上等，1992，1994）

2. 在中部以北的河口堰，夏季时有很多藻类产生。但是，在芦田川以西的河口堰，冬天的枯水期时，藻类比夏季要多。

3. 芦田川河口堰建成之后，在堰下游区域有显著的积聚现象。

4. 藻类的繁殖导致河川的有机物增加时，化学耗氧量的数值会升高。与此相比，生化需氧量一般不会有太大的变化。仅靠 BOD 无法正确评估实际水质。

接受环境厅的建议之后，建设省、水资源开发工团的再次调查

1991 年建设省以及水资源开发公团在环境厅的建议下，第一次把叶绿素 a 和底层溶解氧的测定加入了调查项目，利用数值模拟实验等方式展开了对藻类的调查。1992 年 4 月发表了《有关长良川河口堰的重新调查结果报告》（建设省、水资源开发工团，1992）。主要内容如下：

1. 比较流入河口堰的储存水流域的水质和河口堰上游水（相当于从河堰流出的水）的水质时，其生化需氧量值只有很小的差异。因此，可以判断长良川河口堰没有带来生化需氧量的增加。

2. 数值模拟实验结果显示，"藻类的产生量用叶绿素 a 来表示，一般情况下每年最多为 5.6 μgl^{-1}，在枯水期最多为 23.7 μgl^{-1}"。

这个调查结果公布之前，日本自然保护协会已根据自己的调查发表了名为《河口堰建设破坏环境》的报告。此外，建设省、水资源开发公团的调查也有很大的缺陷（详见下文）。可就在建设省发表报告的同一天，环境厅发文对建设省的调查加以肯定，显然这里存在很大的问题。

（1）对建设省重新调查的结果，日本自然保护协会提出的意见

1992 年 6 月，日本自然保护协会对预测结果提出了如下疑问。第一，调查结论 1，即，比较流入河口堰储存水域的水质和堰上游的水质时，依据的是生化需氧量 75％值，这点不正确。所谓的 75％值是，判断符合环境基准与否时所用的数值，即将测定值由低到高排序，取排在 3/4 处的数值。但是，比较流入储存流域上游的水和堰正上游水的生化需氧量时，必须要使用同一时期的数据。芦田川的 75％值是 6 月份所测定的数值，堰正上游的 75％值是 8 月和 12 月测定的数值。显然，比较不同时期的数值没有任何意义。

第二，在上述数值模拟实验中为了得到基础值叶绿素 a 的负荷量，用一年的观测数据制成的图 1 存在问题。这幅图最大问题点是重要数据的缺失。日本自然保护协会小组在 1991 年也持续观测着伊势大桥和东海大桥。在 8 月中旬的枯水期，堰正上游的伊势大桥附近曾观测到叶绿素 a 量高达 60 μgl^{-1}。这个时期，建设省观测的东海大桥的值为 20 μgl^{-1}。但是，当年 8 月每周进行一次观测的建设省以及水资源开发公团，不知为何在这个时期没有进行观测。也就是说，没有观测到这个时期的最大数值。因为没有这个时期的数据，导致了对叶绿素 a 负

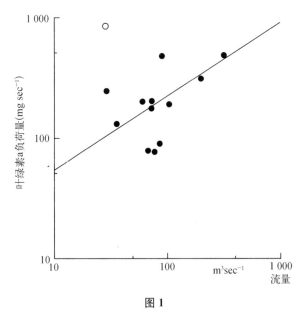

图 1

流量和叶绿素 a 负荷量的关系。1991 年，长良川和东海大桥的测定值
● 建设省和水资源开发公团（1992）的资料
○ 日本自然保护协会调查

荷量的明显低估，影响了模拟实验的结果。

第二的问题点是，根据我们的研究结果显示，浮游藻类增加的主要时期是枯水期流量少的时候。流量多的时期，由于河水的稀释和流出，其浓度变小。但是，图 1 的回归直线表示流入水的叶绿素 a 负荷量和流量成正比。这也许是太过相信教科书里"在日本的河川没有浮游藻类，只有附着藻类"的陈述。

其实，从图 1 所示的点无法求出线性回归方程。尤其是，把我们 8 月 20 日观测到的数值用白色圈表示并加入图中后，就更难了。因此，利用这幅图所示的叶绿素 a 负荷量进行的数值模拟实验，显然无法得出正确的结论。

(2) 第二次停止长良川河口堰诉讼的判决

1981 年，该地区约 20 名居民重新提交了诉讼。这个要求停止长良川河口堰建设的诉讼长达 12 年之久，但却在 1994 年 7 月迎来了败诉。其判决的要点是，"本诉讼是关系到未来预测的具有科学根据的审判。因此，必须要根据目前的有科学性、专业性的知识进行合理的判断"。但是，描述水质时引用的都是建设省的数据。

对这个判决，我们提出了如下观点。"我们最关注并且担心的是，当关闭河口堰的闸门时，产生大量的藻类的问题。判决的意见是，大量产生藻类的可能性很小。但是，之后的藻类显著增加。这表示我们的预测是正确的。这几年我们的调查结果显示，教科书中有关日本河川藻类的论述不符合实际情况。司法当局对作为判断依据的基础性科学知识的掌握也不充分。"

组成含有持反对意见的专家学者的调查委员会

1994 年，建设省和公团，在委员会的引领下开展了周密的调查。其委员会的成员包括对河口堰运行之后的环境影响持反对意见的学者。但是，这个委员会只负责实施调查，对于如何使用河口堰，全部由建设省独立判断。

建设省也邀请了身为日本自然保护协会长良川河口堰专门委员的笔者参加这个委员会。其条件是，"对这次调查中所获取的数据，包括闸门操作等有关的数据，全部进行公示。如何分析数据也是学者的自由"。笔者认为，这种对数据信息的公开方式在日本是划时代的举措，这一定会起良好的带头作用。

1994 年实施的大规模调查的内容

即使仅看水质的例子，也足以证明这一年的调查是划时代的调查。据说这次调查花费了 15 亿日元（河口堰建设费用为 1 500 亿日元）。这次调查最重要的一点是，从河口到上游流域对 6 个观测点（第二年又增加了 2 个）的调查。在表层 20% 深度每小时测定水温、溶解气、电传导性、氢离子浓度、浑浊度、化学需氧量、氯离子、叶绿素 a、总氮素、活性磷总量的数值之后记录下来。另外，在 4 个观测点上测定了底层 80% 水深处的数值，在 3 个观测点上测定了河床约 50 cm 水深处的数值。通过这些测定获取到之前空白的有关河川下游流域的动态数据。另外，利用船只进行监督式调查，还有定期的观测、藻类的分类等调查。

除了水质之外，还进行了其他的调查。如，水位上升时储存水流域越过堤防的程度、对地下水的影响、盐水的渗透情况、底沉积物的变化情况、鱼类的逆游情况、海底生物的分布等。另外，也调查了沿岸区域的陆地生态系统（包括鸟类）的变化等（建设省中部地方建设局和水资源开发公团中部分社，1995）。

（六）1994 年调查的启示

只有流量在 800 $m^3 sec^{-1}$ 以上时开放所有的阀门

1994 年 5 月，和反对河口堰建设小组进行调解之后，在河口堰上游区域有盐水的状态下，仅关闭了 3 天的阀门。结果，底层（河床上 0.5 m）的溶解氧从 6 mgl^{-1} 急速减少到 2 mgl^{-1}。之后，又反复进行了同样的实验。当流量不大时发现底层留有盐水，即使在冬天时也能观测到溶解氧减少。为了避免溶解氧的减少，维持河口堰上游区域不留一点盐水的状态，建设省决定只在流量为 800 $m^3 sec^{-1}$ 以上（洪水）时，开放所有的阀门。由于 1994 年夏季旱情持续，因此一直没有关闭所有阀门。

原先决定流量为 200 $m^3 sec^{-1}$ 以上时开放所有的阀门，因此，一年要开放数十次。但是，因为上述政策变动，此后一年全部开放阀门的次数为一次、两次到十几次。

对河口堰上游区域产生的藻类数量的预测

当夏季关闭阀门时，会产生藻类，这是个很大的问题。

1994 年 8 月因为干旱，实际上没有关闭阀门，因此采用了藻类繁殖速度的室内实验结果推测封闭时的叶绿素 a 的浓度。其结果显示，"流量类似于 1991 年到 1993 年的流量时，叶绿素 a 浓度的最大值为 10—20 μgl^{-1} 左右。但像 1994 年，异常干旱时，最大值为 30—60 μgl^{-1} 左右"。不管哪一个数值都是把河口堰上游的储存水流域当作一个养殖场时的平均值。但是，这个推算没有把河口堰上游区域看作河川，而是将其看作湖或沼泽而进行的调查。

河口堰下游区域的底层溶解氧在小潮 2—3 天之后会减少

调查结果显示，离河口 3 km 处的上游揖斐川和长良川的交汇处底层的溶解氧数值，在小潮发生 2—3 天之后会有明显下降。这是由盐楔的侵入变弱，垂直混合较少所致。因此，呈现出上面是淡水、底部是盐水的两层非常清晰的水层。这种现象在关闭阀门之前，也曾在河口堰正上游区域（离河口 6.4 km）观测到。另外，在木曾川下游区域也观测到了相同的现象。

（七）建设省和公团组织的长良川河口堰监督委员会以及其调查结果

自从 1997 年 5 月建设大臣决定开始使用河口堰之后，建设省以及水资源开发公团在河口堰开始运行之际，把之前的调查委员会的规模缩小，成立了监督委员会。

1995 年夏季，由于雨水充足，在 7 月 3 日第一次关闭阀门。之后又有了大量的降水，因此在 22 日开了阀门之后，从 23 日开始一直关闭阀门。这一年 7 月下旬开始一直持续高温，在 7、8 月份时连续 2 周内有 2 天最高温度达到 35 度。在河口堰上游区域，7 月下旬开始发现大量的藻类，另外，虽然没有盐水，但底层溶解氧也在急速下降，8 月 4 日在河口堰上游区域甚至还出现溶解氧接近零的现象。

瞬间操作的开始

为了处理这个问题，建设省以及公团从 8 月 1 日开始实施了所谓的瞬间操作。当藻类增加时，把上面的阀门打开让水流进来，之后把阀门关闭，放出含有大量藻类的上层水。对于底层溶解氧降低的问题，也采用同样的方法。储存水之后，将下面的阀门稍微向上移，放出缺氧水。

这年夏天的调查结果显示，打开上边的阀门让藻类流出之后，其效果好像不是很好。与此相比，打开下面的阀门，防止缺氧化的方法好像有一定效果。除了 8 月初，底层溶解氧低于 3 mgl^{-1} 的情况并不多。但是，在河口堰按照计划抽出 22.5 $m^3 sec^{-1}$ 的情况下，这个方法是否有可行性还有待于研究。

这个瞬间操作，从 1994 年的 7、8 月份实施以来，之后每年的 7、8 月份都在实施着。并且，为了防止局部的缺氧化现象，建设省以及公团在 1994—1995 年期间，制造了供给深层溶解氧的船。一艘船耗资 2 亿日元左右，共造了 7 艘。这个供给溶解氧的船，只有在底层有限的范围内才能使用，因此，

1997 年之后就不再使用了。

河口堰上游区域藻类平时也会繁殖，底层溶解氧减少

建设省以及公团解释称这次 8 月份产生藻类是异常气温所致。但是，这是在前年的预测范围（虽然确实超过了之前的预测值）之内，因此没有问题。监督委员会的结论也大致和建设省以及公团的结论相同。但是，后来西条（1998）对这个夏天的数据进行了分析。发现 7 月下旬时，水温和往年相同，流量也处于平常流量的范围（大约为 70 $m^3 sec^{-1}$）时，在河口堰正上游有藻类急剧繁殖的现象，同时溶解氧快速下降。因此，西条推断只要夏季持续晴天，这种现象在任何时候都会出现。在其他的年度，也发现了相同的现象。村上等（1998）通过列举河口堰正上游的沉积，以及浮游动物捕食藻类等现象发现了同样的现象。

三、河口堰的现状

（一）在河口堰上游区域夏季藻类的生息情况

观测河口堰的建设以及阀门封闭之后对河口堰上游区域藻类产生的影响情况。日本自然保护协会从 1990 年 3 月开始，在东海大桥和伊势大桥进行了藻类繁殖（叶绿素 a 量）的调查。1994 年河口堰竣工，1995 年 7 月阀门全部被封闭起来。1994 年发现东海大桥出现藻类，并且在 1995 年和 1996 年夏季这种现象更为显著。1990 年 8 月和 1991 年 8 月，在短时期内观测到了 30—60 μgl^{-1} 的高数值。1994 年 4 月在下游流域观测到了大量的汽水性藻类。但是，1995 年、1996 年夏季，阀门全部关掉，仍发现在河口堰上游流域有相当多的藻类长期生存。

表1表示，建设省以及水公团（建设省以及水资源开发公团，1998）从 1994 年到 1997 年在每年的 8 月所调查的河口堰储存水流域的叶绿素 a 量的表层（2 成水深）和全层平均值。

表 1

	2 成水深			全层平均值		
	最大值	最小值	平均值	最大值	最小值	平均值
1994 年（阀门封闭前）	37.7	6.3	17.4	40.9	6.3	17.1
1995 年（阀门封闭后）	86.9	8.6	46.1	76.5	8.8	36.5
1996 年（阀门封闭后）	64.7	3.1	33.0	64.1	3.3	30.1
1997 年（阀门封闭后）	41.3	0.9	6.4	29.3	1.0	5.4

河口堰上游 5 个区域，包括 2 成水深（表层）以及 8 成水深（深层）测定值的全层 8 月份的叶绿素 a（$\mu g l^{-1}$）量的平均值（但是，定期检查的只有 2 成水深。本表把 8 成水深视同 2 成水深，分为平均值、最大值、最小值。建设省注）。（建设省中部地区建设局，水资源开发公团中部分社，1998）

河口堰正式运行的 1994 年是历年来最干旱的一年，所以没有关闭阀门。但是，这一年的表层以及全层的最大值、平均值分别是 1995 年、1996 年的 1.5 到 2 倍。这些数值说明阀门封闭之后藻类在增长。1997 年 7 月到 9 月，雨量特别多，在 7 月份时，雨量在 $100\ m^3 sec^{-1}$ 以下的时候只有 2 天，在 8 月份，到 20 日之后才变为 $100\ m^3 sec^{-1}$ 以下。因此，和往年相比叶绿素 a 量较低。

另外，1995 年、1996 年的 8 月份的最大值，超过了历年最大枯水期的 1994 年预测到的最大值 30—$60\ \mu gl^{-1}$ 的范围。全平均值是正常年份（1991、1992、1993）的预测最大值的 1.5 倍以上。这个结果根本不在预测值的范围内，这只能说明阀门封闭之后带来很大的影响。

（二）河口堰下游流域的水质以及沉底积物

前文中提到，河口堰下游，距离河口 3 km 的揖斐河和长良河的交汇之处，在小潮发生两三天之后，底层的溶解氧有降低的现象。对这里阀门封锁之前和之后的氯离子浓度的分布进行比较时（西条等，1996），发现封闭之前和小潮时垂直混合现象明显，看不到分层现象。在小潮之后可看到低盐分和高盐分两层的分层，但是仅限几天。当阀门封闭之后，分层现象持续，深层和底层的盐分浓度也明显有了增加。同时小潮之后深层、底层的溶解氧出现了降低现象，而且持续了几天。在木曾河弥富，没有出现长期盐分分层的现象，虽然深层、底层的溶解氧有所降低，但是其伴随潮汐而增减，并不持续。

当阀门被关掉时，河口堰下游流域出现持续的盐水分两层的现象，就如奥田（1996）所说，底层的高浓度的盐水向着河口堰逆流而上时，表层的低浓度的盐水流出，形成了所谓的垂直循环流。这些现象会造成下层水的缺氧化，因而容易导致底沉积物表层附近的缺氧化。之后，又调查了长良川、利根川、吉野川分流的今切川河口堰上下游堆积物的分布状况，对有机物等进行观测（村上，1998）。通过这些观测了解到，在河口堰正上下游流域，出现微小颗粒、有机物堆积等现象比较多。

另外，从到 1998 年夏季为止的数据（建设省中部地区建设局，水资源开发公团中部分社，1998 等）中发现，在长良川河口堰的正上下游流域，底泥的氧化还原电位年年有降低的倾向。在 1997、1998 年都为负值。并且，河口堰正下游的底沉积物的硫化物也有每年增加的倾向。这种变化导致了河口堰下游流域的盐分上升，使有机物等微小颗粒下沉，这也是除了河岸附近，在其他地区捕捉不到蚬的一个原因。

在河口堰上下游流域所产生的新的堆积物被认为会随水量增加而流出，但是实际上就像奥田所说，由于堆积之后微生物所起的作用，还有东亚壳菜蛤所分泌的丝状物等，堆积物随着时间的推移，会变得不容易移动。

四、长良川河口堰等的经验启示

（一）比较预测值和监督结果之后的思考

以长良川河口堰建设经验为例子，思考环境评估存在的问题。首先，以藻类生息的预测为重要例子，回顾环境评估的过程。上文已经说过，政府对河口堰投入使用之后的藻类量的预测值，在短短的几年中不断发生变化。

1989 年左右：几乎没有水质变化。

1990 年左右：藻类的生长没有造成堆积现象。

1991 年：叶绿素 a 量的年平均为 1.24 $\mu g l^{-1}$，干旱时的年平均值为 3.6 $\mu g l^{-1}$，年最大值为 23.7 $\mu g l^{-1}$。

1994 年：1991 年至 1993 年的叶绿素 a 量的最大值为 10—20 $\mu g l^{-1}$ 左右，1994 年，历年最大的枯水期，叶绿素 a 量的最大值为 30—60 $\mu g l^{-1}$。

从上面的例子可以看出，建设省以及公团每次做的调查，其藻类生物量的预测值也不一致。预测值有一定偏差也在所难免。然而，并没有追究进行预测调查的人员，或者是委员会的责任，政府方面对过去的预测值闭口不提。重点不是追究预测错误的责任，而是查明为什么错了，用科学的方法去分析，找出错误的原因，减少以后犯同样错误的可能性。如果做不到这一点，应该说没有具备最基本的科学分析能力。

1994 年藻类生物量的预测值问题

1994 年，建设省调查委员会的最后一次调查预测数值与实际情况吻合。但是，其中有两个重要的问题，希望能借这个机会进一步阐述一下。

第一个问题在前文中已经谈到过，即把储存水区域当作封闭式储存水区域来预测藻类的生物量。这种调查预测推翻了之前建设省以及水资源开发公团主张的"河口堰不同于水库"的观点，认为河口堰也就是水库。

第二个尤其重要的问题是，虽然预测到叶绿素 a 量平均值会达到 $60~\mu\mathrm{gl}^{-1}$，但是，没有把藻类生物量当作重大的水质问题处理。甚至，接受了建设省以及水资源开发公团在 1995 年夏天把藻类的大量出现视作"预测范围内的数值，因此没有任何问题"的解释。

首先，应该知道藻类生长的基本条件为，在一般的淡水区域（也包括深层），叶绿素 a 量平均值为 $60~\mu\mathrm{gl}^{-1}$，如果在日本有这种河，那么，这种河应该说不是正常的河流。即使在富营养化，水质受到污染的湖中，也没如此多的藻类。

当预测到大量的藻类出现时，就应该立刻认识到对环境的影响有多么严重，并且要制定对策方案，笔者认为这是调查委员会的责任。

(二) NGO 小组的调查意义

日本自然保护协会以及其他的 NGO 小组在预测长良川河口堰藻类生物量以及对其预测结果的评估上起着很大的作用。如果没有以上团体自愿调查，并且通过调查资料提出了一些问题，建设省和水资源开发公团的错误就会延续下去。政府部门虽然在口头上没有明确说结果有误，但重新调查后，调查结果发生了巨大变化。环境评估，越严谨越好。

（三）信息公开的问题

虽然存在诸多问题，但建设省和水资源开发公团在 1994
年之后决定公开有关长良川河口堰的所有数据。其中包括有关
阀门操作的数据。此举在日本是个划时代的举措，在海外也非
常罕见。通过公开数据，实施监督调查，能够掌握实际情况与
预测值的差异，做到科学地分析问题。

但是，并不是说公开了信息，预测问题就能够得到解决。
长良川河口堰委员会在分析数据时，尽量把河口堰的影响数值
预测得较小，作为政府机关这是没有办法的事情。其实，各委
员的意见也不相同。有关这个数据的分析在后面会详细说明。

利根川河口堰监督调查中所学到的东西

1997 年，环境厅委托日本自然保护协会对利根川河口堰
进行监督调查（日本自然保护协会，1998）。利根川河口堰从
1970 年开始投入使用，已有 30 年左右的历史。建设省和水资
源开发公团通过提供材料等给予了协助。和前面提到的长良川
河口堰的例子一样，进行了数据公开。这次调查，我们不仅参
与了数据的分析，还再一次对沉积物进行了调查，并且也倾听
了渔民们的意见，从中学到了很多东西。

利根川河口堰，首先从地理位置上来说与长良川河口堰有
诸多方面的不同。因而，对环境的影响也不能相提并论。由于
建成之后经过了一段时间，其间存水量有了增加，对环境的影
响也有了很大的变化。因此深感对河口堰建成之后的跟踪调
查，需要相当长的一段时间。

共同管理调查数据，自由使用

如果彻底公开信息，我们可以对河口堰共同存在的问题，以及每个河口堰存在的特殊问题得到更科学的认知。

在自然环境的调查中所获取的数据也极其重要。这个数据是通过很多的劳动和经费所获取到的。尤其是在特定地点，特定时期内获取到的数据，其价值无法用金钱来衡量。这种数据，不仅在今后的环境评估上，在开发计划及环境的基础研究领域都会起很大的作用。这个数据调查，如果是由政府、自治体进行的，那么使用的应该是国民的税金，因此，调查数据是国民财产。但是，在很多时候，明知是重要的数据，评估一结束就立刻扔掉。如果把这些资料通过特定的机关加以保存，并且进行有目的的自由使用，那将会是非常有意义的事情。

（四）有效利用 NGO 的调查资料以及创造共同进行科学讨论的环境

评估时也应该参考市民的意见、NGO 的资料

审查环境评估以及监测结果时，有效利用之前的资料非常重要。一般情况下，利用官方资料的情况比较多。利用具有批判性意见的学者的资料比较少。即使是作为论文发表在学术刊物上的资料也往往被忽视。但是，应该参考学者的论文。这是因为，也许对专家在论文中举出的数据的可信度以及分析方式存在疑问，但政府的资料也存在这种问题。我们应该对所有的资料以科学的态度认真地进行分析，才能充分体现资料的价值。

创造讨论环境

在以前，无论是国会评估，还是自治体的评估，虽然说在形式上也有向居民说明工作情况或者是听取群众意见的环节，但在日本，很少能像外国一样与群众达成共识。长良川的圆桌会议也是如此。

但是，在长良川的问题上，参加建设省以及水资源开发公团开展调查项目的政府有关人员、监督委员会的成员与 NGO 各个小组慢慢地可以根据各自的数据资料，进行科学地讨论。如果这种谈话形式能够实现，就是在政府和国民共事的道路上迈出了重要的第一步。

五、专家、学会所要起的作用

（一）学者在政府委员会的作用

学者如果参加了政府组织的环境评估委员会并且在会场上发言，其发言对评估有影响，因此要有社会责任感。以前，学者的发言往往被认为是对政府部门的一种建议，因此，没有任何拘束，可以自由发言。在一般的情况下，影响评估是非公开的，甚至不公开参加评估人员姓名的情况也不少。因此，即使发现了对环境影响的评估明显缺乏科学性，也无法追究责任。

不过，就如长良川河口堰监督委员会，虽然获取到了丰富的数据资料，并且将其公开，但是，对于应从什么角度分析数据，委员之间的意见也不一致。当然这要求委员拥有很高的专业水平，不仅要有从教科书中所学到的知识，还要有最新的科学知识。这种委员，也包括笔者，一般都是退休的专家。而且要求必须是做实地考察的专家。

数据分析显示，在日本的河川上，也生息着大陆河流中常见的河川性浮游植物。这样通过调查推翻以前的看法，发现新现象的时候也不少。作为学术论文发表当然是必要的，但是，通过学会进行讨论也是很重要的环节。这一点是学会需要发挥的作用。

（二）欠缺对河川潮汐流域以及河川水库的生态学方面的研究

自从进行长良川河口堰调查之后，笔者深感缺乏对河口堰的环境以及对生物系的了解。对于藻类的大量繁殖会给生态系统带来什么样的影响，虽然有所了解，但并不是了解得很多，因此要继续研究。

另外，河口流域当然是目前所要解决的问题。但要解决河口流域的环境问题，还要把水源到河口，一直到海域看作完整的环境生态系统来综合考虑，这是解决问题的最基本的思维方式。但是，讨论河口堰问题时，往往会忽略这一点。

在参加长良川河口堰长期调查过程中，笔者渐渐感觉到日本对河川物质循环系统的生态学研究远远落后于国际水平。尤其是参加 1997 年 8 月在捷克举办的有关湖畔的生态学第 3 次会议之后感觉到，日本很少以水力学为基础，从生态学以及物质循环的综合视角对水库进行研究。日本也从不同角度研究水库相关问题，并且也有相应的成果。但是，以综合的视角研究水库湖的生态学应该说还没有完全成型。

花费很多人力物力进行的长良川河口堰的调查，其数据得到了公开。对这些数据加以整理、分析，作为完整的论文发表，在今后的环境评估等方面加以利用是十分重要的，也是必须要做的事情。因此，有必要像利根川一样，公开其他河口堰以前的调查数据。如果这件事能够实现，那么收集有关河口堰的具有普遍性的数据会有一定成果。这里也需要学会的支持和参与。

六、小结

作为成功的环境评估以及检测的例子，在此介绍在荷兰西部海岸进行的有关防潮堤防建设的生态学调查。这是著名的三角洲计划工程，荷兰动员了国内相关的研究机关，对这个工程展开了从环境影响评估到建成之后的检测调查，然后把调查成果以论文的形式发表在国际学术刊物上，论文共有数十篇，并且还出版了单行本。

众所周知，日本是垂直型管理体制，因此在信息公开方面有很多阻碍。因此，在环境评估问题上，也不能期待有个很高水平的研究，这是目前的现状。为什么日本会是这种情况呢？这是因为，日本的调查不是建立在环境保护的意识上的。

我们所期望的环境评估是，政府和居民通过谈话而达成共识。因此，信息公开是前提。但是，有时居民无法做到独自分析和理解资料。这时相关专业的专家学者，或者是作为专家团体的学会，要给予正确的指导。经过这种程序，希望日本也早日打造出人们所期望的环境评估系统。

　　最后，向在笔者撰写本书之际，给予宝贵意见的村上哲生、田中丰穗两位先生深表谢意。此外，向在长期的调查当中，始终与笔者进行讨论、研究的奥田节夫先生，还有在实施调查、总结调查结果时给予帮助的日本自然保护协会的中井达郎、吉田证人两位先生深表谢意。还要感谢给予笔者阅览资料机会的建设省中部地区建设局以及水资源开发公团中部分社。

（西条八束）

第二节　三番濑填海造地

　　三番濑位于东京湾西部靠里面的市川和船桥海岸的自然浅滩，也是潮滩（大潮，落潮时水深为 1 m 以内的海域为 1 200 公顷）。是东京湾采集蛤蜊、养殖紫菜等的内海渔业基地。千叶县对这个海域有填海造地的构思，其开发意义，以及环境保护等问题受到了社会的关注。

　　千叶县计划开发三番濑是在日本经济处于高度增长期的

1968 年。市川冲主要以城市开发为主，船桥市主要为港湾预备用地（京叶港）来开发。这个计划分为 1 期和 2 期。1 期在 1983 年完工，形成了现在的海岸结构。2 期，因为受到了石油危机的影响，因此还没有完工。之后在 1986 年制订了新的 2 期计划。计划开垦地为 475 公顷，在 1990 年还发表了基本构思。其中，船桥的京叶港建设项目（京叶 2 期），在 1992 年得到了千叶县的港湾审议会以及中央港湾审议会的批准。但是，自然保护组织（日本自然保护协会，1991）和居民认为填海造地对东京湾的自然环境和渔业有着重大的影响，因而开展了反对运动。这成为很大的社会问题。在 1992 年的中央港湾审议会上，环境厅发表了"要充分了解填海造地的目的和必要性。要充分考虑目前三番濑的环境价值，不要对它有任何破坏"的发言。在这种社会对环保问题关注高涨的形势下，千叶县设立了由学者、环保相关人士、市民（联合千叶县联合会长、县政府监督人员、市川市长）等 12 名成员组成的"千叶县环境会议"，委托他们对三番濑问题进行探讨。

一直从事东京湾的环境保护等学术活动的日本海洋学会海洋环境问题委员会（1993）认为要解决开发和环保问题，首先要科学地预测填海造地的影响，进行评估，并且明确指出评估内容。其中特地提到了，有必要预测三番濑的水质净化功能（无机营养盐类以及有机物的去除，防止缺氧）、东京湾生物残留以及群集维持与三番濑的关系、对渔业生产的影响、作为海鸟类的觅食地以及休息地的作用、对绿潮产生的影响问题等。

另外，千叶县环境会议在 1993 年为了自行探讨有关三番濑问题，组织了由 12 名有经验的学者，以及消费者、产业界人士、行政人员各 1 名组成的"环境调整探讨会议"，对千叶县提出的与填海造地有关的环境保护计划书进行了探讨。环境调整探讨会，听取了政府、市民、渔业从业人员、学者的意见之后指出，探讨 1995 年的填海土地和环境保护关系时，首先要了解目前三番濑的生态系统。环境会议据此要求再一次对三番濑生态系统进行调查，然后重新思考土地利用的必要性，并且希望专家对生态系统进行 1 年以上的调查。

一、生态系统的调查结果

（一）对现状的调查

千叶县知事要求提出填海造地的企业厅，再次对三番濑的生态系统的特征以及填海造地对三番濑的影响开展调查。其调查内容如下所示：

1. 净化功能：三番濑的净化功能；

2. 绿潮：绿潮的产生与三番濑及其生物生长发育的关系；

3. 卵仔、底栖鱼：三番濑的卵仔、底栖鱼的生息；

4. 鸟类：三番濑的候鸟；

5. 土地利用计划的检测：距制订土地利用计划已有若干年，其是否适用于目前的自然生态系统。

企业厅为了调查 1 至 4 的事项，组织了物质循环、环境科学、底栖生物、鱼类生态、鸟类生态等有关的 5 名专家和 1 名渔民组成的再次调查检查委员会，从 1997 年 1 月开始为期 1 年的调查。这个委员会的作用是对企业厅和调查公司进行的再次调查给予指导和建议，办公室设在企业厅。最初，委员会推测到底栖鱼类和候鸟调查会以年为单位有较大的变动，因此调查延长为 2 年。另外，为了完善对调查结果的分析以及总结，邀请了 4 个方面第一线的专家进行了为期 2 天的讨论。在这次讨论会上，对调查的认真态度以及学术上的价值给予了高度的评价，专家强烈要求公开数据资料，还提出了一些改善建议。接受其意见之后，在 1997 年开展了自然地形条件有利的盘洲滩的底栖鱼类的调查和三番濑的底栖生物的生存量的调查。

这些调查的结果在 1998 年 9 月出版。另外，在网上也进行了公开（千叶县土木部，企业厅，1998）。在开发集团参与的有关环境调查以及学术研究中，是日本迄今为止内容最丰富的调查。下面简单介绍一下这次调查。

物质循环和净化功能

从浅海域生态系统模型（图 2）看三番濑海域的净化量为 $T-N$ 575 tonNy^{-1}，化学需氧量为 2 245 tonNy^{-1}，从这些数据看，三番濑作为二次处理场，甚至是三次处理场，十分重要。氮素净化量中，脱氮约 70%，双壳贝的捕捞以及鸟类的觅食各约占 10%。另外，化学需氧量相当于可处理 13 万左右人口所排出的污水的处理场。流入海域的负荷量为 127%，不

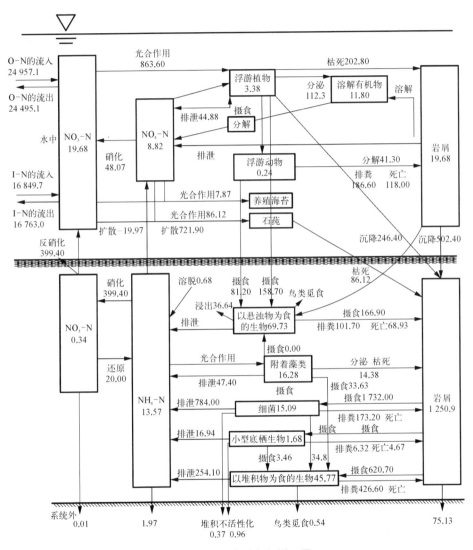

图 2　三番濑海域年氮循环量

仅净化来自陆地的有机物，对来自东京湾的有机物也有净化作用。

绿潮的产生位置

在调查期间没有发现大量的绿潮，但发现了中小规模的绿藻上升流区域。尤其是船桥港航线靠里面的上升现象最为显著。

这些绿潮水的来源是，船桥港航线以及周围疏浚而形成的洼地底层水和东京湾底层水。

海洋生物

底栖生物生息量随着水深会有变化。0（大潮，落潮的位置）到1 m的浅海域比较多。浅海域主要有蛤蜊、四角蛤蜊、凸壳肌蛤等双壳贝类，从数量上看，泥管虫类、小型多毛类比较多。另外，底栖生物的种类构成与海域的地形、流速、波浪、底沉积物的环境有关。调查了大约100种鱼类，对其中的17种进行了生活史以及在浅海域的集中程度进行了调查。结果发现，石鲽、黄鳍刺鰕虎鱼等的生活史离不开浅海滩。

结合主要种类的食性以及饵食生物的分布情况，对食物连锁结构进行分析得出结论，三番濑的最主要的生态体系之一为渔业活动。因此，可以说三番濑的生态体系是在人为影响的基础上成立的。

鸟　类

三番濑周边海域共有67种水鸟，其中包括毗邻的谷津潮滩的水鸟。其中最多的为斑背潜鸭，最多时达到95 913只。鸻形目有黑腹滨鹬，最多时达3 814只。与其相比，稀少的有中白鹭、黑翅长脚鹬、大杓鹬、黑嘴鸥、白额燕鸥、红嘴鸥等。这个海域中主要的鸟类是斑背潜鸭，其饵食为蛤蜊、东亚壳菜蛤，还有其他的贝类。冬天的摄食量分别为4 200吨、3 800吨、900吨。

(二) 对影响的预测

根据以上调查结果，再次调查委员会在1991年1月公布了规划中的填海造地计划和航线扩张计划实施之后对环境影响的预测（千叶县土木部、企业厅，1999）。预测是在东京湾水质最为恶劣的夏季进行的。调查结果显示，因净化功能低下而导致浮游植物的数量增加，因而，从三番濑附近一直延伸到东京湾的木更津北部的化学需氧量从 0.2 mgl^{-1} 增加到 0.5 mgl^{-1}。航线扩大加速了航线底层水的缺氧化。另外，大规模的绿潮的出现，导致了港中央底层水的流入量增多，这有可能会造成绿潮规模的扩大。在发生绿潮时，伴随着浅滩面积的减少，通风效果会减弱，这会导致三番濑内缺氧化时间的延长。对海洋生物的影响，基本上在于，因为填海造地造成了潮滩，浅海滩的面积减少，因而也相应带来了底栖动植物的减少。另外，还预测到了鱼类、鸟类通过食物链受到的影响（表2、3）。

表 2　鱼类的海域利用类型以及影响预测

三番濑的利用类型		主要的鱼类	生息量的预测（包括周边深海区域）
a 生活史中有一段时间是在浅海域集中生活的鱼类	a‐1 在三番濑产卵（产子）的鱼类	黄鳍刺鰕虎鱼、裸颈鲨、云鲥、石鲽（赤虹）	多
	a‐2 在东京湾的港口，或者是港外，或者是河川等地，即在离开三番濑后产卵（产子），幼鱼会游回三番濑的鱼类。	鲈鱼、香鱼（无备平鲉）	中
b 生活在浅海区域，也广泛分布于其他区域。但是，没有在浅海区域集中生活的时段。		青鳞小沙丁鱼斑鰶、鳀鱼、真子鲽、日本海鳀、鰤鱼、颈带鳊（赤虹）	少
c 有在浅海滩集中生活的时间段。但在东京湾的主要的生活区域在港中央到港口部的水域。三番濑并不是主要的生活区域。		海龙、下银汉鱼、海豚（无备平鲉）	少
d 其他	d‐1 从东京湾的外部游来的鱼类。在浅滩经常看到，一般生活在流入河川的河口处。	鲻鱼	几乎没有
	d‐2 在潮滩、浅海域没有集中一段时间生活的经历。主要分布不在三番濑。	褐菖鲉	几乎没有

注解：由于赤虹和无备平鲉难以判断属于哪一种类型，因此，加入到多个栏里。

表 3 对各种鸟类的影响预测

影响的程度	类	别	预测结果的概要
预测到在葛南区域会有大幅减少的群体	鹬，鸻科	翻石鹬 蛎鹬	• 分布在以三番濑为中心的区域，周围没有其他地方可去，因此，会有群体数大幅减少的可能。
	鸭科	斑背潜鸭 鹊鸭	
葛南区域的群体数有减少的可能，但减幅不明	鹬，鸻科	灰斑鸻 环颈鸻 蒙古沙鸻 斑尾塍鹬 中杓鹬 灰尾漂鹬 沙鹬 黑腹滨鹬	• 主要分布在三番濑、谷津泥滩、行德鸟兽保护区、葛西临海公园的深海等区域。其中，三番濑是主要的分布区域之一（觅食处）。因此，预测会受到觅食环境减少的影响。 • 一部分的群体也有可能逃离到周边区域，但是在逃离处会发生同种与异种之间的争斗，因此，对逃离区域的群体有间接的影响。 • 从以上事实推测群体有减少的可能性，但是其减幅不明确。
	鸭科	赤颈鸭 针尾鸭	
	其他水鸟类	黑颈鸊鷉 普通鸬鹚 红嘴鸥 普通燕鸥 白额燕鸥	
葛南区域的群体几乎没有减少的可能性	鹬，鸻科	黑尾塍鹬 白腰杓鹬 大杓鹬 青脚鹬 翘嘴鹬 大滨鹬 黑翅长脚鹬	• 因为主要分布在三番濑以外的区域，因此受到施工计划实施的影响较小或基本没有。

影响的程度	类　别		预测结果的概要
葛南区域的群体几乎没有减少的可能性	鸭科	小水鸭 赤膀鸭 绿头鸭 白化斑嘴鸭 琵嘴鸭 红头潜鸭 红胸秋沙鸭	
	其他的水鸟类	凤头䴙䴘 苍鹭 大白鹭 中白鹭 小白鹭 海鸥 黑嘴鸥	
受到的影响尚不明确	其他的水鸟类	黑尾鸥 银鸥	生活于三番濑的生物体多，但是对其数量的变化无法预测。

鸟类，尤其是斑背潜鸭的大量减少，影响了全国的鸟类群体数以及其分布。

最后的综合结论是"填海造地对三番濑自然环境的影响很大"。

这次的再次调查委员会的成果，是由负责实施环境调查的政府、指导调查的学者专家，还有负责资料收集、现场调查、以及进行结果分析的调查管理公司等的共同努力而获取的。这种科学的调查研究能够得以实施，是因为参与人士对环境评估有充分的理解，因而能够做到有效的评估。

二、今后的工作

对三番濑填海造地的讨论过程可用图 3 来表示。在前面也提起过，首先由千叶县环境会议审查填海造地利弊。千叶县在听取环境会议的结论之后，才能决定开发计划。之后，才能正式展开环境影响的预测调查。

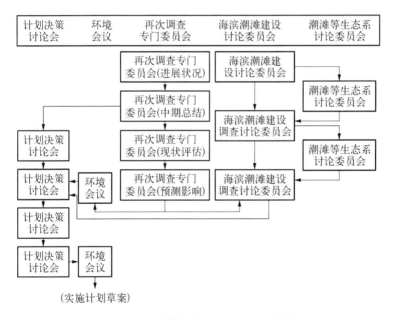

图 3　三番濑填海造地讨论过程（计划）

先看讨论会的 3 个组成部分。由学者专家组成的再次调查专门委员会负责生态系统的调查以及进行影响预测，海滨潮滩建设调查讨论委员会负责环境修复中的物质等方面，潮滩等生态系统讨论委员会负责环境修复中的生态系统方面。根据以上3个委员会讨论的结果，地方政府、业界人士、从事自然科学以及社会科学方面的专家学者、自然环保组织有关人士，以及渔业有关人士组成计划测定讨论会，对开发和环保有关问题进行讨论。在这个意见的基础上，召开环境会议，并得出有关环境问题的结论。另外，计划决策讨论会在会议结束之后由会议长作会议内容的报告，并且在一周之内以会议摘要的形式公开会议内容。但是，不公开发言人的姓名。对这种会议，希望全面公开讨论内容以及调查内容的呼声越来越强。如果公开不会影响会议，会议内容应该是以公开为前提而进行的。与政府惯例不同，在开发计划决策阶段就进行如此多的讨论，并且，公开其内容。如果没有参加会议的委员以及政府行政人员的高度的理解，就无法做到。这一点应该给予肯定。

再次调查委员会围绕三番濑填海造地问题首先进行了基础调查，然后公开其预测结果，并且依照公开的信息展开了讨论。这一事实充分说明，在日本，真正的评估系统将要被启动。但是，这次还没有和最关注环境问题的市民进行实质性的讨论。如何有效地利用以前的调查研究以及专家的讨论，使政府、市民、专家（包括顾问）达成一致，如何将环境评估应用到社会中去，这些是今后的课题。不管怎么说，这次围绕三番濑填海造地计划，各方采取的举措，是日本在今后处理大规模开发计划和环境评估关系时很好的榜样。

（风吕田利夫　松川康夫）

第三节　中海本庄填海造田工程

一、中海本庄填海造田始末

　　岛根县有中海和宍道湖是两个盐分浓度不同的半咸水湖。如果将两个湖沼合起来会成为日本最大面积的淡盐水湖区域。本庄面积是中海面积的 1/5，有 1 689 公顷。本文将详述本庄填海造田计划与环境影响评估的情况。本庄填海造田是 1963 年"国营中海开发工程"的一部分。这个工程起初是为了提高大米的产量，同时把中海和宍道湖淡水化之后作为农业用水来使用。1974 年中浦水门建成，1981 年完成森山堤坝，这样形成了现在的本庄和中海的水利环境的模式。并且在 1989 年，除了本庄之外的所有的填海造田工程全部完工。

　　到这个时期，当地的渔民才意识到，淡水化会导致水质的恶化，因而会带来这个区域一种被称为日本蚬的渔业资源灭种的危机。因此，在渔民当中有了反对淡水化的运动。1988 年 5 月岛根、鸟取两县的知事向农林水产省提出暂停淡水化试行工程。在同年 9 月，农林水产省和岛根、鸟取两县在淡水化延期的填海造田协议上签字。因此，本庄施工区域的施工一直延期到了 1996 年。

　　1995 年 8 月岛根县开展了"宍道湖以及中海水质预测工程"（新日本气象海洋株式会社，1994），内容如下：① 保持目前本庄施工区域的水域；② 利用本庄施工区域周边的堤防保持水域；③ 进行全部填海造田。根据以上 3 个方案对水质进行了预测，但结果显示不管采用哪一种方法，水质几乎没有变化。根据这个结果，岛根县决定全面填海造田，本庄施工区域作为农地使用。对这个决定，环境厅在 1996 年 3 月 18 日提出，"宍道湖以及中海的水质预测"对环境影响评估不是很充分，因此建议进行正确的水质预测以及评估。但是，岛根县无视这个建议，在 1996 年 3 月 28 日向农林水产省提出重新开展施工的请求。

根据以上事实，日本海洋学会海洋环境问题委员会认为这项施工的环境影响评估不仅与水质评估有关，而且必须要考虑这个区域作为盐水区域生态系统的特点和作用，因此，要求重新进行评估。同时提出符合该地区环境评估的具体方法（日本海洋学会海洋环境问题委员会，1996）。另外，在出版发行此次方法摘要的同时，于 1996 年 10 月在松江市举办了海洋学会，其中有关填海造田问题的会议进行了 2 次，讨论会进行 1 次。当天也有许多非会员人士来参加，这使得此次科学环境影响评估吸收借鉴更多意见，能够以多种视角进行讨论（佐佐木，1996）。因为海洋学会海洋环境问题委员会和当地居民的各种反对意见，工程在 1997 年的再次开工没能得以实现。在执政党三党会议上做出了如下决定：

① 对本庄施工区域不进行堤防的试行性挖掘，而是通过水泵进行调查；

② 对于是否最终停止淡水化，决定在本庄施工区域的调查结束之后重新开会确定。

根据这个决定，农林水产省以填海造田之后作为农业用地使用，以及不进行填海造田而继续发展渔业等两种情况，要求共做 10 项有关环境影响评估的调查，时间为 2 年。另外，"本庄施工区域水产调查专门委员会"决定具体的调查方法。这个委员会的第一次会议在 1997 年 9 月 3 日进行，但是由于在水泵问题上出现了分歧，因此，会议没有作出任何决议。另外，对调查结果，1998 年开始由"综合评估委员会"进行综合审查。

二、本庄施工区域的环境影响评估和日本海洋学会海洋环境问题委员会的建议

必须要进行再次影响评估的"宍道湖以及中海水质预测工程"（新日本气象海洋株式会社，1994），到底出现了什么问题？本文根据日本海洋学会海洋环境问题委员会（1996）的意见，概括其要点。

"宍道湖以及中海水质预测工程"的最大弊端是，影响评估的范围限定在化学需氧量（COD）、溶解氧（DO）、总氮素、活性磷总量、叶绿素 a 等水质的评估上，而没有考虑到盐水区域生态系统的特性以及构成。本庄施工区域位于中海，毗邻宍道湖以及美保湾，是日本最大的淡盐水湖区域，在这里生息的生物往来于宍道湖和美保湾，形成独特的淡水区域生态系统，

因此，对这个本庄工业区域的开发以及环境评估，必须要考虑到淡水区域生态系统的这个特点及功能。只对水质进行评估是不够的。因为生态系统本身具有对水域的净化功能，因此，不考虑这个净化功能的预测方法，尤其对于生物生产速度比较快的淡水区域的生态系统来说是不恰当的。因此，日本海洋学会海洋环境问题委员会要求（1996），如果要掌握水域的物质收支以及物质循环情况，就必须要了解脱氮等化学式的净化过程和大型生物的代谢净化过程。另外，从水质上说，也应考虑到由捕鱼带来的氮气和磷的去除效果。像本庄施工区域这样人工建成的封闭式水域，还要考虑到开放时环境预测会有怎样的变化，也就是说，以现在的状况为基准，预测将来的影响。另外，分析生存在淡盐水域的生物对盐分的需求量时，应考虑到，在分析生态系统中某种元素的影响时，不能只看生态系统中的平均值，因为最低值和最高值在其持续期间内会发生变化，因此建议应该根据生物特性，分析评估方法。农林水产省在 1997 年启动的调查项目中，把重点放在堤防内外的水流与水产关联项目上，应该是受到了日本海洋学会海洋环境问题委员会建议的影响。

三、为了做到科学的影响评估

本庄施工区域填海造田问题，正值人们对大规模的施工工程意见高涨时期，因此，收到了来自各方面的反对意见。本文举出实例，用以说明如何以科学的方法开展影响评估，以及需要怎样实施的问题。

在前面已经提到，这次影响评估前，农林水产省提交了有关宍道湖以及中海淡水化的影响评估（农林土木学会，1983）。当时最大的论点是，农林水产省根据影响评估所提出的"淡水化可以净化两湖沼的水质"是否正确的问题。对此，岛根、鸟取县邀请并委托没有参加农林水产省调查的有关自然科学领域的专家站在第三方立场上，进行评审研讨会。研讨会于 1986 年 2 月独立发表了如下见解：对农林水产省所发表的影响评估，以科学的态度指出评估中存在的错误，并且要求重新展开调查。明确指出，淡水化会导致水质的恶化。委员的意见也许不同于政府的意向，但县政府对这些委员表示了支持，对此，委员会给予了很高的评价。虽然两个湖沼的淡水化问题已经延期，但是，延期的理由是经过专业科学团体讨论而决定的。这种评估方式，为今后的评估指明了方向。

本庄施工区域填海造田的环境评估却相反。岛根县提出的影响评估，是委托自己的委员（宍道湖中海水质预测专家会议）进行的，并且结果报告的审议方也是岛根县。因此，很难做到通过专家进行科学、公正、合理讨论的方式实施。这次，日本海洋学会海洋环境问题委员会提出意见，不外乎是出于对未经第三方自然科学家专业影响评估而擅自开展施工的担忧。但是，学会不能对国家所有的项目进行评估，这超出了学会的能力范围。中海本庄施工区域填海造田问题告诉我们为了今后作出令人满意的环境影响评估，国家必须努力建设由自然科学专家组成的评估团体，站在第三方立场上进行公正的评估。本庄施工区域决定由国家（农林水产省）进行环境影响评估。对此，代表居民意见的县级政府采取的措施会影响到日本今后的环境影响评估，值得继续关注。

（山室真澄）

第四节　藤前潮滩填海造地

一、过程及论点

藤前潮滩位于伊势湾的名古屋港靠里的位置，现在是日本唯一一个潮滩。名古屋市因为缺少垃圾处理场，因此计划把这个潮滩的一部分建成垃圾处理场。但是，这个区域是鹬、鸻科等候鸟重要的停留地，因此，存在反对意见。名古屋市对此进行了环境评估，之后发表了"环境影响评估准备书"（简称为"准备书"）。但是，人们对这个"准备书"有很多意见。对这些意见名古屋市也作出了相应反馈。在1991年1月名古屋市最终决定放弃藤前潮滩填海造地计划。

其原因如下：

● 1984年名古屋市决定从1990年开始实施填海造地计划。由于存在反对意见，市政府决定缩小填海造地规模。

● 在 1994 年对 46.5 公顷的填海土地进行了评估。此次评估用了 1 年时间。

● 1996 年 7 月公示了上述"准备书"。对此，包括国外的 19 封信函在内，共有 60 封信件寄到了市政府。

● 1997 年 5 月公布了"意见书"，并且在 5 月 10 日、7 月 12 日以及 8 月 9 日举行了听证会。在此期间，市审查委员会提出了"再次调查"的要求。因此从 8 月到 11 月进行了再次调查。渡鸟保护团体以候鸟的调查仅在秋天进行是不充分的为由，要求在春天也进行调查。

● 1998 年 8 月发表了最终的"环境影响评估书"。其内容与"准备书"中的结论有很大的不同。即，填海造地对水质净化，尤其是对鹬、鸻科类鸟类存在影响。

该评估书中最重要的部分是第 4 部分施工方的看法，以及第 3 部分针对知事意见，施工方的看法。知事的意见是"尽管施工会引起作为预测区域的潮滩消失，但是，因为有其他的潮滩，所以影响不大。对这个结果有必要重新评估。在这种情况下，必须要考虑到调查的不全面性。应该树立正确的态度进行预测、评估。并且，要根据这个评估展开施工计划，开展环保"。对此，施工方的意见是"作为对破坏环境的补偿，包括对之前的潮滩堤坝进行修筑等，对潮滩进行改造"。也就是说，填海造地对候鸟有影响，但是通过建设人工潮滩可以减少其不好的影响。即，不会放弃填海造地计划。

● 进入 1998 年 12 月，环境厅发表了"对改变藤前潮滩的意见（中期总结）"，对名古屋市提出的以人工潮滩形式推进填海造地的计划，举出潮滩生态系统第一线的专家们的评审意见，表达了强烈的反对意见，要求探讨作为垃圾处理场是否正确的问题。具体而言，人工潮滩的建设以及堤坝的提高，① 有可能导致破坏自然潮滩的生态系统；② 在技术上也未达标；③ 对人工潮滩应该有相应的环境评估；④ 不允许以试行的目的破坏自然潮滩。因此否定了作为补偿措施的人工潮滩计划。

● 进入到 1991 年 1 月，名古屋市正式宣布停止藤前潮滩填海造地计划。

本文为了建立今后理想的环境评估模式，主要介绍如下 4 个方面：① 评估的立脚点；② 实施评估的调查计划及内容；③ 评估的评价方式；④ 评估的可信度。

二、评估的立脚点

当预测到开发工程会给环境带来影响时，一般来说首先应该想到该区域的特殊性，之后从不同角度探讨开发问题。藤前潮滩的开发项目存在的问题是：① 这个潮滩属于《国际湿地公约》（Ramsar Convention）指定的候鸟停留地，受到重视。但是，名古屋市政府在开发项目上没有考虑到这一点。也就是说，建造垃圾处理场的依据是《有关废弃物处理以及清除法（厚生省）》，填海造地根据的是《公有水面填海造地法（运输省）》，但这些依据都是国内法律，忽视了国际法的规定；② 没有考虑到在名古屋港填海造地历史当中藤前潮滩所占的位置。为什么作为垃圾处理场选择了藤前潮滩，这些是名古屋市在开发项目时，没有考虑到的问题。其中，"作为垃圾处理场所是可以，但是为什么选择藤前潮滩"这一点成为人们最大的争论点。

（一）对于候鸟来说，这里是重要的停留地。在西伯利亚寒冷地带生活的鸟类在冬天飞往东南亚等温暖地带，另外在夏天会迁徙到饵食丰富的北部。1996 年和 1997 年春天的调查显示，尤其是对于鹬以及鸻鸟来说，在藤前潮滩停留的分别为8 700 只和12 200 只，在谏早湾潮滩分别为8 800 只和7 800 只，三河湾的汐川潮滩分别为8 000 只和6 900 只。此外，东京湾的三番濑和谷津潮滩，是鹬、鸻科类重要的停留处。正面临消失危机的谏早潮滩，更加凸显出藤前潮滩的重要性。在这种情况下，名古屋市应该做出怎样的回答，"准备书"却没有涉及。

（二）名古屋港湾周边在 1964 年时有很多潮滩，但到了1990 年，除了藤前潮滩，周围都被开垦了。在 NHK 1997 年10 月的"现代特写镜头"节目上也播出过，现在像这种填海造地，有很多建成之后没有被利用。在这种情况下，为什么对藤前潮滩进行开垦呢？对这个疑问，名古屋市回答是，除了藤前潮滩没有其他适合的区域。

但是，果真如此吗？应该举出其他的候补区域，与藤前潮滩做比较。如果不做比较，就会缺乏说服力。另外，名古屋市说明藤前潮滩填埋之后用作垃圾处理场，只能用 9 年，9 年之后垃圾填满将不能再使用，届时，必须要找其他的垃圾处理场所。因此，反对意见认为，仅仅要用 9 年，就把唯一一个潮滩填埋，政府的举措显然不妥。另外，也有人希望政府在减少垃圾措施上更加努力。

三、"评估书"的重大问题

从上述可看出，如果苛刻评价 1998 年 8 月提出的"评估书"，可以说"潮滩的失去带来的影响大。因此，作为填海造地计划的代替措施建造人工潮滩"。甚至，有报道称"垃圾填埋迫在眉睫，因此，在人工潮滩所起的作用尚未明确的情况下，认定人工造地会发挥作用，所以实施了填海造地计划"。如果果真如此，根本称不上是评估。假设，在填埋之后，判断出人工潮滩没有达到所期望的状态，那时谁都无法承担责任。而且这种评估是无法进行的。如果允许这种评估的话，那么，可以一边进行开发项目，一边进行环境调查。但这并不是评估的本义。

四、实施评估的调查计划以及内容

(一) 调查计划

由于"准备书"的内容繁多，阅览时间有限，因此不能充分领会其意图。在此，仅对与笔者的专业领域有关的一些问题进行探讨。调查计划首先要把重点放在反对呼声最为集中的候鸟调查上。因此，要明确藤前潮滩作为候鸟停留地的重要性。但是，需要注意的是，并不是说把调查的重点放在对鸟类的调查上，这一点在后面也会继续说明。候鸟把潮滩作为停留地是因为潮滩有丰富的饵食资源。如果对这一点进行讨论的话，潮滩的底栖生物是重要因素，必须弄清楚底栖生物的生息环境，因此，从结果来说就是要弄清楚藤前潮滩的生态系统。另外，在潮滩问题上备受关注的净化功能和作为幼鱼的养殖场功能，目前也成了讨论的课题。从"准备书"看，调查是进行过的，但是包括对结果的分析等来看，集中去做的是净化功能的部分，对其他的只是进行了调查，没有具体的分析。如，为什么藤前潮滩对候鸟重要？对这一点尚未明确。因此，调查计划本身也存在问题。

（二）潮滩的净化功能

对净化功能进行了具体的分析，对此本文也将作详细介绍。"准备书"是按照表 4 和表 5 说明的。

表 4　氮素循环量的计算结果（mgNm^{-2}m deep d^{-1}）

各 种 量 别	夏　季		冬　季	
	藤前潮滩	新川河口潮滩	藤前潮滩	新川河口潮滩
水中有机物在底质的堆积量	113.8	111.0	46.0	41.6
滤食性动物在水中滤食的过滤量	5.6	117.5	0.3	8.9
食沉积物者对底质堆积物的摄食量	37.0	96.2	17.3	21.7

各　种　量　别	夏　季		冬　季	
	藤前潮滩	新川河口潮滩	藤前潮滩	新川河口潮滩
附着藻类的光合成量	82.4	106.4	38.1	55.0
细菌对底质沉积物的摄取量	330	329.6	106	123.6
营养盐从底质的洗脱量	141	176	29	60.4
脱氮量	2.8	3.1	1.2	1.3
圈外的堆积量（不活性化）	18.9	39.4	7.7	9.4

表 5　潮滩的净化量以及底栖生物量的比较

	季节	面　积			底栖生物
		a＋b	f	（a＋b－f）	现存量
		O-N 去除量	I-N 洗脱量	T-N 除去量	（滤食性动物）
藤前潮滩	夏季	119.4	141.3		0.010
	冬季	46.3	29.0		0.005
	平均	82.9	85.2	0	
新川河口潮滩	夏季	228.5	176.2		0.212
	冬季	50.5	60.4		0.190
	平均	139.5	118.3	21.2	

注）a＋b：有机氮素的除去量　　（a＋b－f）：总氮素的除去量

　　即，"根据潮滩的水质净化观点，水中有机物（O-N）的去除量是通过水中的沉积和底栖生物的过滤之后流入到潮滩中，这成为从水中被去除的有机物量（a＋b）。然后，水里的总氮素（T‑N）的去除量是水中有机物的去除量减去通过泥土的洗脱再次返回到的 I‑N，就成为（a+b−f）。藤前潮滩夏季和冬季的平均值相当于去除有机物大约 83 mgNm^{-2}d^{-1} 的功能。虽然有很大的去除功能，但是几乎作为无机氮洗脱掉，基本没有 T‑N 的去除功能。"

为了证明这个结果，设想水中和底质 1 m^2 的箱子，计算 O‑N 和 I‑N 的出入量。

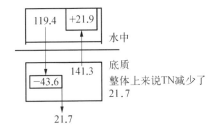

以夏季的藤前潮滩为例，因堆积和滤食性动物通过过滤输送到底质的量为 119.4，因不活性化减少 21.7，因此在底质就等于有了 119.4−21.7=97.7 的量。另一方面，从底质往水中洗脱的是 141.3，因此，底质的总收支量为 97.7−141.3＝−43.6。但是，在水中因为是 141.3−119.4=21.9，所以应该说有了增加。如果按照这个数据看，只看水中可以判断出藤前潮滩使营养盐有所增加。但是，如果把底质也一起计算的话，就是 21.9−43.6＝−21.7，所以氮素被净化了。

用同样的办法计算新川河口潮滩，在底质仅增加到228.5−42.5（不活性化）−176.2＝9.8，在水中增加到 176.2−228.5＝−52.3，因此，总的来说有了−42.5 的净化效果。按照这个计算来看，藤前潮滩的净化功能是新川河口潮滩的1/2，相对来说不是那么小。

笔者提出了以上的意见，但在1998年8月出的"评估书"上的数据与笔者的数据不一致。存在很大差别的地方是，b滤食性动物在水中滤食物的过滤量不是5.6，而是93.7，c食沉积物者的摄食量不是37，而是107.3，f营养盐的洗脱量不是141.3，而是158.8，h圈外的堆积量不是18.9，而是1.0。与此相对应，表5的净化量也有了变化。如，藤前潮滩的年平均O-N的除去量不是83，而是135。这本"评估书"就有关为什么与"准备书"的结果不一致这一问题没有加以说明。作为最大问题的评估，其结果不一致是个大问题。在调查研究上有错误，这一点可以理解。但为什么评估结果不一样，没有这个部分的说明是很难让人相信的。不客气地说，他们所选择的都是有目的性的数据。

就算相信"评估书"的结果，但是为什么藤前潮滩的年平均O-N去除量是135 mgNm^{-2}d^{-1}，应该有这个部分的说明。从净化功能来看，表4表示脱氮和圈外的堆积，但两者之和只有3.8，这个数据有点不可思议。

"准备书"和"评估书"说明，"预测水质时，因为是潮滩的水质净化功能，因此，也参考了潮滩生态系统模式。我们认为，用这个方式推测潮滩的净化量在目前是最精确的方法"。但是，就算方法本身很好，如果不能说明为什么使用这个方法，也是无法令人信服的。三河湾潮滩评估的时候，不仅用了箱子模型方式来计算，还用潮滩的生物活性进行了计算，并且两者的计算结果基本吻合，因此判断有一定的可信度。藤前潮滩的评估在这一点上做得不充分。

（三）底栖生物以及候鸟的调查

从"准备书"的结果（表5）来看，藤前潮滩的滤食性动物是新川河口潮滩的 1/20，非常少。在毗邻的潮滩有这么大的差异，应该有其原因，但是对此根本没有说明。对"准备书"的反对意见（意见书）中，也有好多人提出，大型底栖生物现存量的报告数值过少。对这种不自然的结果，应该有个让人可信的说明。如果说明不了，那么其结果可信度还是很低。另外，因为底栖生物是候鸟的饵食，因此，不仅仅局限于其现存量，生产量也要同时考虑到，并且要掌握与候鸟的饵食有何种关系，在这个基础上应该弄清楚藤前潮滩的作用。在没有弄清楚藤前潮滩整体的生物系统之前，不能进行对这个潮滩的评估。对于候鸟利用潮滩的使用率，在"准备书"上说，仅占填海土地预定面积的 10%，可候鸟的潮滩利用仅在 1%。因此，存在着强烈的反对意见。笔者不是这个方面的专家，因此不能作出科学的评价。但如果在数据上有这么大的差异，应该通过举办学术研讨会议等办法，对评估的结果进行科学性的讨论。在"净化功能"上也说过，"准备书"和"评估书"的内容不一致，笔者认为，那是由于各自的大型底栖生物的现存量不一致所致。负责一方必须要说明为什么结果不一样，这是他们的义务。如果没有这个部分的说明，其评估结果的可信度也是很低的。

五、要开展综合性评估

评估的目标不明确，就不能给予正确的评估。藤前潮滩的评估，在前面已经说过，由于欠缺对作为候鸟的停留地以及名古屋港开垦地的历史说明，没能做出令人满意的评估。评估时，如果限制评估的目的，那么其评估范围也会被限制。因此，今后的评估应考虑"评估对象如何设定，尤其要想好评估局限在预定地区还是特定的区域，或者是更大的范围"，在这一点上，这次的评估给我们指明了方向。

生态系统有关的评估项目包括水质污染、候鸟以及包括渔业生物在内的水生生物等 3 个项目。

关于水质问题，预测说进行填海开垦，水质反而会变好。那是因为，当填海开垦结束时，会发现河川水质有所改善。对这种水质预测方法，有强烈的反对意见。这种预测方法确实不好。姑且不谈这种对水质的预测方法如何，首先要问，评估仅仅是对水质的评估吗？对这一点我们感到疑惑。所谓的生态系统是什么？简单地讲，它有营养物质的流入过程，并且在该区域通过循环有一部分作为物质循环流出的过程。另外还有，海域的生产力（一次生产，二次生产，高级生产）和底栖生物、鱼类、鸟类等生物之间相互发生关系的过程，以及表现在稀少类种的该区域的特殊性。这些都是该区域的生态系统。但是，藤前潮滩评估（其他的评估也一样）仅局限在作为物质循环一部分的对水质的评估以及生产力的主要表现者生物现存量的评估，还有稀少类种之间关系的评估。因此，这种评估不能称得上综合性评估。对于只作这种评估调查的原因，有必要讨论，但这也许是因为现在的海域环境基准都偏向于对水质的评估的关系。

下面举最近的例子具体说明一下这个问题。本章第二节的三番濑是东京湾最里面的浅滩，是千叶县决定开垦的土地。但是存在很多来自当地居民以及环境厅的反对意见，千叶县只好组织了再次调查（生物的生活史调查：每月调查；鸟类的利用情况调查：停留时期；物质循环等基础调查：四季调查；绿潮调查：绿潮发生之前生物生态系统的评估、预测）。日本海洋学会下设调查此类环境问题的环境问题委员会，因此，对三番濑环境评估提出了具体的课题意见（日本海洋学会海洋环境问题委员会，1993）。在这次调查中，这个建议起了一定的作用。对评估区域的生态系统首先进行综合性的调查，之后才进行评估。按照这个思路，藤前潮滩的评估不能说是综合性的评估。

六、评估的可信度

这次的"准备书"，没有公开参加调查的专家以及与调查有关的人员的姓名，仅公开了公司的名称，社会对此有很大的异议。日本目前的评估，一般是由开发当事人完成。但是，为了防止评估的主观性，一般进行评估时，会设置对调查计划、调查实施以及调查结果评估给予一些建议或者指导的委员会。最近出现问题的岛根县中海填海造田工程中的"中海本庄施工区域填海造田工程"也设置了委员会，并且公开了评估结果。但是，藤前潮滩没有设置这种评估委员会，只公开了进行调查的公司的名称，对负责这个评估的人员的姓名没有进行公开。因此，所有的责任都落到名古屋市。但是，在前面已经说过，对这次评估的结果，有很多反对意见。对此，做出的回应都是一些表面上的回应，根本没有回答本质问题。"不能公开调查人员姓名的，不能科学地、负责任地给予回答的调查和评估是不可靠的。这是一个很深刻的问题，也是有关民主的问题。这一点在前面也说过，'准备书'和'评估书'的结果不一致，但为什么不一致，没有对这个部分的解释。这一点失去了人们对它的信任"。在今后的评估上，这一点必须要明确。

七、藤前潮滩评估的教训

（一）评估目标

虽然是对环境的评估，但还没有弄清楚开发项目对环境会带来什么样的问题之前，漫无目的地进行评估，是这次评估的问题点。一般的评估，包括这次的评估，对水质的评估是最大焦点。但是，对于藤前潮滩的情况来说，候鸟的停留地是否要保留是最主要的问题，可惜的是，在评估上，没有明确指出这个问题。此外，藤前潮滩评估，明确目标是非常重要的。最后，对名古屋市把填海区域当作垃圾处理场这样不负责任的行政措施，专家提出了批评意见。

(二) 评估必须要突显出潮滩生物的重要性

到目前为止的调查以及研究证明，潮滩的作用（渔业、娱乐、景观、候鸟的停留地等）都与生物有关。但是，这次的调查重点是候鸟的饵食问题。目前进行着各种各样的有关生物的调查。但是，其调查只局限在对现存量的数据的收集上。生物在渔业上、在娱乐上、在净化问题上、在鸟类的饵食问题上起什么样的作用，现在应当引起重视。在这个问题上，我们已经积累了一些经验，因此只要明确目标，相信会有相应的结果。开垦意味着该地区的生物也会消失，把开垦地恢复到原来的样子是不可能的，因此在评估上，有义务弄清楚生物所起的作用。

(三) 确保评估的可信度

评估要有科学的可信度。评估要把科学性的评估内容浅显易懂地加以说明，这是评估的首要责任。按照评估的结果，决定开发与否，最终取决于政治。评估本身如果被利用到政治上，这就称不上是评估。在此反复强调，这次藤前潮滩评估缺乏可信度。如何提高评估科学上的可信度，这是将来评估要解决的课题。

（佐佐木克之）

第五节　谏早湾填海造田

一、谏早湾填海造田计划的过程

（一）长崎大填海造田计划的过程

截断有明海（17 公顷）通往汤岛的港口区域，建成淡水湖和 9 个填海土地（42 000 公顷）。这是有明海综合开发计划（以下简称为"有明总"）。在 1952 年 3 月，由福冈、佐贺、长崎、熊本等 4 县（1956 年大分县也参加）共同规划。就在同一时期，为了在谏早湾全域（11 000 公顷）建水田，长崎县规划了长崎大填海造田计划。"有明总"计划实施 16 年之后，在 1969 年出版了耗资 3 亿多日元的"有明海区域综合开发调查报告"（406 页）之后，宣告停止。"长崎大填海造田"在 1953 年作为国营工程由国家和县共同展开了调查，在 1964 年完成了复合式填海造田方式的全面实施设计书。伴随《农业基本法》（1961）的农业政策转换，有了全总到新全总的变化，渔民把海苔、裙带菜、毛蚶的养殖转入到正常轨道，因此，反对计划实施的呼声越来越高，另外还有渔业补偿的受阻，造成无法开始施工。1970 年 1 月，国家认可了由知事强行发起的国营水面开垦计划，但几十天之后由于政府的人事变动，"长崎大填海造田"计划被中止。

（二）长崎南部区域综合开发计划（"南总"）

1970 年 4 月发表了以确保土地和水资源为主要目标的长崎南部区域综合开发计划，并且通过反复交涉和计划修正，在 1976 年 9 月，12 个渔协终于在渔业补偿（246 亿 8 千万日元）上达成了协议。1977 年长崎县政府向岛原区域有关渔协和福冈、佐贺、熊本 3 县提出了协助的请求，却遭到 3 县渔联和岛原半岛等港外渔民的强烈反对。1979 年 3 月由农政局、5 月由长崎县进行了对"南总"的评估审查。对"南总"项目持反对意见的佐贺县，独立进行了评估，于 1979 年公开了评估结果。1979 年 12 月在海上举行了由 3 县渔联和岛原渔民 1 500 艘渔船组成的示威活动。在港外渔民和行政当局对立的情况下，佐贺县知事向农水省提出了缩小"南总"规模的申请。1980 年到 1981 年"南总"规模缩小委员会（农政局和 4 县）进行了 5 次会议，在第 2 次缩小方案拟定中，"南总"计划已宣告结束。其间，在 1981 年 8 月的第 4 次委员会结束一周之后，农水大臣向长崎县知事提出公共水面开垦的许可申请书，得到这个消息之后，反对运动越发激烈。在这种情况下，长崎县政府公示并供市民阅览有关填海计划的申请书。公示的时间为 10 月 26 日到 11 月 15 日（赞成 879 票，反对 4 290 票，另外还有 7 封意见书）。在 1981 年 12 月的非公开最初预算案中，虽然"南总"费用没有计算，但仍有 7 亿日元杂费的支出。

(三) 谏早湾填海造田施工计划 ("谏干")

1982 年 11 月中曾根内阁成立。其中，农水大臣由长崎县选出的金子岩三议员担任。同年 12 月，他表示反对 "南总" 计划。农水省把计划规模缩小到 1/3，并且以 1982 年 7 月的长崎暴雨灾害（死者 299 人）为借口，把 "南总" 计划变为包括港口的防洪以及防潮等防灾对策的综合性填海造田工程。谏早港防灾综合填海造田计划是之后的谏早填海造田工程计划。

1985 年 5 月农水省新组建了以京大防灾研究所角屋睦教授为委员长，户原义男等 10 名委员组成的谏早湾防灾对策讨论委员会，讨论了预定面积 3 案，并且在 11 月做了中期检查报告。其中，即使是 3 900 公顷的方案，一旦有洪水发生，调整池的水位会上升，而且会比港口内地的水位高，因此浸水涉及面积为 2 300 公顷，水最深为 2.53 m，浸水房屋将达到 270 户（其中地板浸水 90 户），甚至在必要时还要把水引到新建的填海造田区。这个中期报告没有进行公布。公开的 "摘要版" 故意隐藏国家以及县政府在防灾上的不当措施，美化了防灾效果。

虽然存在种种问题，但 1985 年 8 月在施工总面积 3 550 公顷方案上，政府与 3 县渔联达成了共识，国家计划出资 1 350 亿日元支援 "谏干" 计划，并且着手进行评估。1987 年港内 12 个渔协全部同意了 243 亿 5 千万日元的补偿金，决定放弃渔业权。1988 年县认可公共水面开垦计划，并且在 1988 年开始了施工。从 1991 年到 1992 年堤防内有 8 个渔协宣布解散。为了新建防止潮水的堤坝，对港口300公顷的面积进行深7 m的土沙挖掘工程（目标为2 000万 m^3）。因此，每年捕鱼收入为10亿日元的桦江珧，从1991年10月开始已有7年不能进行捕捞。其间，接受建设省的建议，对工程计划进行了变更（排水门的规模、位置的变更、排水的高度处理等），并且还进行了2次评估。1991年8月到9月"谰干"评估方案向社会公示。1993年长崎县组建了以长崎大学的伊藤秀三为委员长，由小野勇一（现日本生态学会会长）、菊池泰二（日本底栖生物学会会长）等14人组成的谰早湾填海造田区域环境调查委员会，他们对施工之后的环境影响进行调查。另外，在1994年6月谰早湾填海造田事务所组建了以长崎县原水产部长秦章男为委员长，由有经验的学者、政府代表、渔协代表等13人组成的谰早湾渔场调查委员会。但是，委员会没能解决桦江珧的不断灭绝和施工之间关系的问题，后来不了了之。1995年完成了南北两排水门。1996年的施工费达到了2 370亿日元，10年涨了1.8倍。1997年4月14日填海造田堤防的阀门被关闭，直至今日。

二、谰早湾填海造田工程的特征

谰早湾填海造田工程是日本国内唯一一处填海造田地，规模巨大。因此，农水省结构改善局投入巨大。从"长干"已有47年的历史，从当初的水稻耕种为目的变为旱田，又在畜牧业上加以利用，其中一部分用作工业用地，另外，确保了城市生活用水，以及工业用水，另外还有在防汛、防潮等方面的利用，其目的多种多样。但不管其目的或规模变化的形势如何，有很大面积的潮滩的海面面积减少是事实。并且，剥夺了渔民从事渔业的权利，甚至，想在开垦计划上达成共识，为了获取更多渔业补偿金，擅自变更计划，还自作主张地添加各种目的。不管是哪一个计划的变更目的，都没有明确的方向性。因此，无法向生活在当地的居民以及自治体说明计划的必然性和必要性。同时因为是个大规模的工程，一定需要港外以及他县的协助。但是，自从 1997 年向港外渔民以及他县请求协助开始，因施工计划以及评估，还有施工所带来对渔业的破坏等所带来的矛盾、对抗不断。

为了停止港内渔业，"水产县长崎"采取了一系列措施，其内容如下：

1957 年对渔业权进行改革时，知事决定新增对养殖海苔的渔业权限制。这自然阻碍了海苔养殖的发展。另外，故意延缓一切与港内渔业发展有关的政策，无视由底质的堆积、水质污染带来的养鱼场的荒废等。甚至，在达成开垦协议之前策划使渔民放弃渔业，为了达成协议，反复干涉渔协的总会以及临时总会。另外，作为借口利用各种委员会以及评估，这是他们的惯用手段。从这一点不难看出曾经参与此工程的有关专家和学者的社会责任。

包括以前的港湾排水不良问题以及防潮堤坝等问题，原本是国家以及各县在农业、防灾问题上必须承担的责任，但是，这些都以国家大规模工程为借口被耽误和延期。

像这种毫无道理，甚至可以说是愚蠢的行为，国家以及县能够强行实施，是因为与这次工程有关的是拥有 30 多个公司的庞大建筑公司集团。这些公司与国家、县的政策有密切联系。这虽然是一个公众的事业，但却缺乏公开性，需要重新反思。

三、环境评估的内容与问题点

（一）对"长干"的评估

收集到的报告书都来自长崎县。1963 年题为"长崎县填海造田对谏早湾外海域渔业的影响调查，尤其是有关主要鱼类的繁殖以及栉江珧养殖场的问题"的报告之后，1964 年至 1966 年的标题中作为副标题的"尤其是……"已经消失，1965 年和 1966 年版是"……影响调查报告书"。在 1963 年版的"序言"中提到，因渔业权的剥夺无法从事渔业的港内渔民，获得了一定程度的补偿和转业政策。对港外的有明海－圆海区域的影响，委托西海区水产研究所所长辻田时美调查有明海的鱼类资源、栉江珧的养殖场、樋门排水的影响等。辻田把谏早港的消失给有明海的重要渔业资源带来的影响，作为其调查课题和依据的理念，举出如下 6 点：港消失后的有明海的水系条件、海域情况、港与有明海深海的生产系空间结构、从资源供给看港湾的意义、堤坝外侧近海的海洋条件的变化、捕鱼的变化等以及主要原因的分析。作为调查主要负责人，辻田的建议虽然很重要，但是，其大部分仅停留在理念上，没有用在之后的评估中。但是，在辻田报告中值得关注的是，港湾的消失给渔场的海洋条件带来影响最大的区域是岛原北部沿岸，栉江珧养殖场中，位于竹崎南东冲的渔场因为底质变化，栉江珧的产量受到了影响，仅凭消失的港湾和有明海的面积比例来推测影响关系，是过于机械化了。

1964年至1966年的报告书受辻田报告书的影响，把不足的部分进行了修改。主要的内容有两点。第一，为了评估作为港内重要的鱼贝类的养殖场的价值，开展港内和邻接海域的卵仔和幼鱼的调查；第二，为了了解填海造田对堤防外侧海域的栉江珧养殖场的影响，进行养殖场环境的调查和栉江珧的生态系统的调查。从1964年开始持续了3年，辻田离任之后，长崎县聘请长崎大学水产学部长山田铁雄继任，卵仔和幼鱼的调查委托田北彻，渔场环境的调查和栉江珧生态的调查聘请入江春彦和饭冢昭二、林秀朗、梶原武继任。

田北从1963年12月到1964年11月每个月进行一次调查。另外，在1965年5月和8月进行了口径为60 cm的幼鱼网定线测量。除了这些测量之外，设计出口径为1 m的中低层采集网、底曳网式采集网等进行定线，在定点采集的基础上，在河口区域利用繁网进行了辅助性的采集。由于调查海域的范围限制在多比良到长洲以北的有明海深海域，因此，作为调查有明海全域与谏早湾关系的资料不是很充分。1963年、1964年和1965年的同时期的卵仔、幼鱼的分布状况以及分布密度每年都有很大的变动。因此，在短时期内的调查无法说明整体问题。但是其中提到"谏早湾作为幼鱼的生息地，在有明海中占很重要的位置。因此，仅凭面积判断是不当的"，这个结论可以说是非常正确的。

对枥江珧的调查是在 1963 年和 1964 年进行的。对渔场的水质、底质、海底地形等进行了调查。养殖场的底质是镰田（1967，当时未发表）指出的 2b 型（Mdphai 为 1 至 3，含泥量为 5％以上的细砂粒堆积底），分布在有明海的深海处和东海岸区域，其发生没有周期性，每年都不一致，而且还有突发性。填海造田的影响问题，首先要弄清施工与底质的变化关系。这次的实地调查在有明海是首次，因此，极其重要。尤其是对卵仔、幼鱼的研究成果，在后来没有超过这次的调查研究。这份调查资料在其后的评估中以各种形式被引用。（后述）

（二）"南总"评估

共由 3 个评估组成。国家的第一次评估：日本水产资源保护协会"长崎县建设谏早淡水湖给有明海渔业带来的影响调查报告"（1974 年 3 月）；国家的第二次评估：九州农政局以及长崎县"伴随建设谏早湾淡水湖而对港外渔业的影响调查报告"（环境篇）（1979 年 3 月）、渔业篇Ⅰ（1977 年 5 月）以及渔业篇Ⅱ（1979 年 3 月）；国家的最终评估：日本农业土木协会"有关长崎南部综合开发计划的环境影响评估"现状篇，计划影响预测篇（1979 年 12 月）。除了这 3 个评估之外，还有佐贺县评估：日本水产资源保护协会"长崎南部区域综合开发计划对佐贺县有明海水产业的影响调查报告"（1979 年 3 月）等 4 个。

第一次评估

这次的评估是由 1968 年组建的大学以及水产研究所的专家进行的。但是由于事先没有和渔民沟通好，因此，只做了对以前资料的收集、分析以及综合性的讨论。研究所对有明海水产业进行了重新调查之后，为了讨论对港外渔业的影响，举出过去的论文以及报告书中存在的错误例子。对"长干"评估上没有涉及的虾类和海苔养殖也进行了讨论，并且讨论了对渔业的影响。没有实地调查的资料，在有限的条件下，通过总结以前资料，比较正确地预测出施工对环境的影响。评估明确指出对有明海全域预测到的不良影响。而且，还讲述了水产业调查时的注意事项、基础性调查、与有明海有关部门的有组织调查、为了解决问题与水产有关人员进行讨论的必要性、重复调查的必要性等。另外还指出，发现以前研究的不足之后，在进行新调查时，把不足之处也要考虑进去等建议值得关注。但是，在之后的调查以及评估上没有严格执行，并且第一次评估并未公开，直到 2 年之后才发现，而且在 1976 年 3 月的长崎县会议上也引发了争论（山下，1976）。足可看出国家以及县政府对评估的态度及意图。

第二次评估

这次评估是九州农政局委托九州环境管理协会，以九州大学的塚原博为委员长，在环境和生物 2 个委员会（池末弥、石田清治、榎本则行、奥田武男）上进行讨论之后而制定的。环境篇是对谏早湾和有明海的现状的总结。这是第一次用模拟试验的方式进行的海相、水质、扩散等对港外渔业的影响评估。预测采用各县水产实验所、国立水产研究所、气象台等 1949 年之后所观测到的数据。潮流、水温、底质、底栖生物等的数据基于 1969 年至 1975 年在港内和河川支流等观测到的数据。由于观测以及调查次数有限、港外数据的空缺，因此，调查并不充分。除了潮汐、潮流的变化调查，底质以及水质预测范围局限在港外狭窄的范围内，虽采用模拟实验方式，但仅凭这些材料来预测港外渔业影响未免太过牵强。

　　渔业篇Ⅰ是对长崎县方向海域的调查报告。两年之后出版的渔业篇Ⅱ是对农政局提出的有关县外海域的渔业生物以及对渔业生物资源的影响和施工中的影响资料进行的探讨。Ⅰ是谏早湾周边长崎方向的渔业有关的调查，Ⅱ是有明海的县外渔业有关的调查。但是，两个调查都偏重于各自的现状的描述，作为支撑材料的新的调查数据非常少。事实上，实地调查Ⅰ，根本没有进行实地调查。实地调查Ⅱ，除了 1972 年对有明海域 21 个区域的浮游生物和底栖生物的调查，1976 年对港内 7 个区域和 15 个潮滩区域的底栖生物的调查之外，就连最起码的卵仔、幼鱼以及成鱼的调查也没有。也就是说，根本没有按照第一次评估的项目指南进行调查。正如"后序"上所说，"谏早湾的产卵地以及幼鱼的生息地的消失，给港外渔业带来的影响非常令人担忧"。"但是，由于截止日期的逼近，数据上无法做到预测"。调查Ⅰ以及调查Ⅱ，对渔业的预测影响虽然没有在量上的说明，但是明确指对渔业的担忧，这一点要比最后评估好。

最后的评估

这份报告由日本农业土木学会撰写，共 665 页，分为现状篇和计划环境预测篇。最后的评估模仿渔业篇的影响项目，但是，删除或变更了Ⅰ的相当一部分的内容，内容质量上没有提升。评估默认与渔业权者会之间有关补偿交涉的问题已经解决，因此，基于这种假象的评估，缺乏对失去部分在量上的价值评价。不仅如此，由于继承了很多Ⅰ和Ⅱ的调查中欠缺的部分，如，在有明海全域中对谏早湾的定位，不管是在量上还是在质上都未分析到位。因此，没有完全做到对港外渔业以及有明海全域的环境影响评估。另外，使很多重要的鱼贝类游回，保障很高的初期成活率以及成长速度的超大规模养殖场的谏早湾的超强功能和净化能力，尤其是对在有明海谏早湾作为净化装置所起的净化作用，最后的评估上没有进行调查，甚至没有将其视为问题。

佐贺评估

这是按照评估 1 进行的评估。首任委员长是伊藤先生，后改由宫崎大学的池末弥担任。另外还有 5 名成员。虽然使用和国家评估相同的文献资料，但是，除了相同委员负责调查鱼类之外，其他的都得出了不同的结果和意见。这项调查在 1977

年到 1979 年进行，调查项目加入了港湾被利用之后的水利实验和数值实验，水质以及卵仔、幼鱼、贝类、浮游生物的定量采集，利用各种渔业调查船进行的调查，海苔营养盐摄取栽培实验等新项目。另外，还指出谏早湾的消失对港外渔业资源的影响，以及港湾利用对环境的变化影响预测以及对渔船渔业、养殖业的影响等，明确指出与最后评估对立的几个问题。谏早湾单位面积的渔业生产量除了贝类以外都是佐贺有明海域的 2 倍。因此，生产量丰富的港湾的消失对港外渔业资源的影响很大。再加上对栉江珧以及蚬子的不良影响，以及因流速和营养盐浓度降低给海苔生产量带来的影响，结果令人担忧。

日本水产学会的意见等

由于国家和佐贺县的评估标准不同，港外的有明沿岸的 3 县渔联拜托日本水产学会解释两个评估内容。学会在渔业环境保全问题特别委员会内，又设置了环境部（平野敏之）、渔业部（青山恒雄）、海苔部（齐藤雄之助）等 3 个"南总"开发问题分组委员会，对评估进行讨论。用了一年多的时间完成研究报告。在 1983 年向全渔联和 3 县渔联作了汇报。这份报告书后来得以出版，让有明海渔民和各县的渔联有机会阅览。分组委员会指出，国家评估在对"南总"评估的最后评估进行修改时，作为评估的肯定表达方式"影响较多"修改为"几乎没有影响"的部分较多。另外还指出，必要的基础资料，尤其是谏早湾的资料数量接近于零。因此，港湾被利用之后对渔场环境以及渔业的重要且复杂的影响评估有可能被忽略。最后，评估不仅在方法上不成熟，而且仅是为了开展施工而走的形式上的手续而已。

对"南总"的怀疑，以及与佐贺县评估的对立，引发渔民反对情绪激涨，从 1980 年 3 月到 1981 年 12 月共举行了 5 次"南总"规模讨论会议。会上决定重新调查缩小施工规模对渔业的影响，同时决定在 1982 年的夏天或秋天完成报告。负责海况变化的佐贺大学向渔民展示了水力模型实验。通过实验，渔民看到港湾投入使用之后，谰早湾河口部流速及流向的变化，这让渔民对施工更加感到不安。但是，这项调查结果没有公开。

（三）"谰干"评估

共由两个评估构成。一个是 1986 年 7 月九州农证局公布的"谰早湾填海造田施工计划有关的环境影响调查书"，在 1985 年 11 月农政局委托九州环境管理协会，由九州大学名誉教授藤川武信为委员长的 14 名委员作的报告书（一次评估）。另外一个是接受建设省的提议，对排水门规模及位置进行了修改，还修改了排水的高度，进行了再次评估。其报告是在 1992 年完成的（二次评估）。

第一次评估的显著特点是，以在利用港湾的 1/3 事情上已达成共识为借口，根本没有进行港外的实地调查，只是引用以其他目的进行的调查资料来敷衍了事，甚至对港区内的调查也仅限于 1985 年 2 月和 9 月的两次小规模的调查（但是没有明确指出调查人员的姓名），以及作为渔业对象生物的基础性生态调查。另外，有关水产资源学的评估皆无。对水生生物评估如下："没有港湾固有的种类，环境的变化局限在堤防以及排水门很窄的范围内。因此判断，对有明海几乎没有影响。"并且，在不足1页的综合评估上还写有"……谏早湾靠海处的消失，对生息在潮滩以及谏早湾靠海处的生物来说，虽然使它们失去了生息区域以及产卵区域，但这并没有给有明海造成太大自然环境上的影响。对计划区域和近邻区域的影响也有限，因此，由本项目给谏早湾及其周边海域带来的影响是可以容忍的"。完全没有对大面积的潮滩以及谏早湾、有明海的生态系统进行调查。每种生物、影响环境的因素以及类别都有相应的评估，从这些评估怎么会获取上面所说的综合评估结果，无法让人理解。

虽然说规模缩小到1/3，但是明知道会失去3 000公顷庞大面积的潮滩，却都没有对潮滩生物系统的结构以及功能，尤其是对生息在潮滩上的硅藻类、底栖生物、幼鱼以及成鱼，还有水鸟类等各种各样生物群及其相互之间的生态关系，包括捕食食物链、腐食食物链的生产和分解过程等进行基础性的调查。因此，港湾的一部分投入使用后，对鱼类以及大型无脊椎动物游回海滨的量上的统计，即资源学上损失的量的评估，以及对港湾的一部分被利用之后的预测值也没有说服力。

调整池的环境基准，"南总"、中海、宍道湖、霞浦、诹访湖等是A类型（化学耗氧量3 mgl⁻¹以下），"谏干"是以水质恶化为前提，因此设定为 B 类型（化学耗氧量 5 mgl^{-1}以下），氮和磷的环境基准是 V 类型（TN1mgl^{-1}以下，TP 0.1mgl^{-1}以下）。在 2000 年第一次评估，认为化学消氧量（75％值）3、TN0.69、TP0.066 的目标值没有问题，但是，这个预测就在填海造田堤防之后的极短时间内被打破（后续）。如果淡水化加剧，有可能会达到导致绿潮现象的富营养值。但是，评估没有涉及绿潮现象。二次评估和一次评估在内容上几乎没有变化。但是二次评估另加入了减少污浊负荷量的对策，以及建成后对水质预测的评估等，二次评估更加体现出对水质恶化的担忧。

"谏干"评估无视了在"长干"评估以及"南总"第一次评估时积累的经验，缺乏科学性和综合性，并且缺乏环境保护的观念，也没有对新方案的讨论，应该说是最差的评估。

四、"谏干"带来的海域环境的变化以及评估的失败

谏早湾填海造田工程对谏早湾以及有明海自然环境的影响，并不是始于 1997 年 4 月建成的填海造田堤防。"长干"计划是在 1952 年 3 月与"有明总"计划同时企划的工程。"长干"计划实施 37 年之后的 1989 年，开始了国营谏早湾填海工程（"谏干"）。海域的环境变化其实在这个时候已经开始。最近，在有明海多个区域发生的环境变化，其影响因素除了"谏干"之外，还有诸多其他影响因素。其中包括来自云仙普贤岳泥石流等的自然灾害，但大部分都源于大规模

开发施工。

如 1985 年筑后大堰建成之后，减少了有明海河川流入量，给港边的潮滩形成以及营养盐的供给带来怎样的影响；还有，目前正在修建的熊本新港 2.8 km 堤防，对潮流方向有何作用、如何影响蚬以及海苔的养殖等的研究，都很有必要。但是没有人去做。在"谏干"问题上不容忽视的是，自 1989 年开始施工之后，为了建设填海造田堤防，在谏早湾河口区采砂粒。面积 300 公顷，深度 7 m，目标采砂量 2 000 万 m³，是普贤岳泥石流带给岛原海湾预测泥石总量的 2 倍。也就是说，8 年挖掘的泥沙量，远远超过了天灾所带来的泥沙量。为了今后建调整池的内堤防，还会继续不断地挖掘泥沙。每年利润达 10 亿日元的栉江珧也捕不到了。1997 年 4 月 14 日谏早湾的 1/3 区域被 293 个钢板从有明海隔开，失去了 3 000 公顷的潮滩。

在填海造田堤防即将建成的 1997 年 3 月 23 日，建成 40 天之后的 5 月 24 日，建成大约 5 个月之后的 8 月 28 日，建成 1 年之后的 1998 年 4 月 9 日，还有 8 月 2 日，分别进行了对调整池内 12 至 20 个定点的水质、底质、底栖生物、浮游生物调查。从有明海隔开的调整池淡水化加速，5 个月之后海生生物群几乎全部消失，在部分区域甚至出现了摇蚊、颤蚓等向淡水动物群演化的现象。并且，由于富营养化加剧，TN、TP、SS、COD 等在不足 1 个月时间里已经超过了标准值，COD 值已经接近原来的 2 倍，大大超出了水质的预测范围。目前在调整池内生息的底栖生物有淡水双壳贝河蓝蛤和属于钩虾的两种螺赢蜚。前一种在 1998 年 4 月达到了前年 8 月 20 倍的生息密度，与此相比，后一种减少到了近 1/10。这些都属于伴随淡水化现象。没能够控制摇蚊、颤蚓以及绿潮的产生，是因为完全没有调控海水侵入。

"谏干"评估引用的是 1972 年至 1977 年对有明海全域 20 至 22 个定点的有关底栖生物的调查资料（菊池，田中，1978）。其中，有关谏早湾定点的调查仅有 1 至 2 个。因此，在 1997 年 6 月，利用 3 至 5 天的时间，对包括谏早湾周边地域、有明海全域的 92 个定点进行了水质、底质、底栖生物的调查。调查显示，1960 年集中在港口的极细小沙粒以及黏土的底质被大量挖掘，变为中粗粒沙。其中也包括大量的沙粒被采掘过的 300 公顷范围。另外一个变化是，熊本沿岸 4 个以上的区域正延伸到深海，这与熊本新港堤坝工程有关。沙粒的挖掘导致了谏早湾口底质的洼地化，因而形成了从港口向岸边延伸的非常明显的舌状低氧水团。不仅在表层，在底层氧气饱和度为 20% 至 40% 的低氧气水团分布面积也很大，从位置上判断，这是由于港口的沙粒挖掘而形成的低氧气水团所致。

经常有报道称在东京湾以及中海因疏浚造成的绿潮对水产生物产生危害。在有明海，"谏干"带给周围海域环境不小的影响。但是，"谏干"评估却把这个影响数值预测得很小，可见"谏干"评估的问题无法掩饰。

1998 年 7 月，谏早湾北岸出现了大量的由于红潮底栖生物（卡盾藻，细胞数为 62—51 000 ml^{-1}）而致死的天然鱼

（鲈鱼、黑棘鲷、鲻鱼、鳎目科、多线无线鳎等）。之后，在相同的海岸上发生了大量蚬死亡现象，对渔业影响巨大。同年10月末，在北边排水门周围发生了赤潮底栖生物（Fibrocapsa japonica，细胞数 2 000 ml⁻¹）向北呈现带状，一直波及佐贺县宽 2 km、长 10 km 的区域，人们担忧会对蚬产生影响。"谏干"评估的第Ⅱ篇"环境的现状"上，对红潮的出现描述成在内湾是经常见到的现象。1980 年起 5 年内红潮的发生次数为 2 至 5 次，结论是对渔业的影响较少。然后在第Ⅳ篇"影响预测以及评估"上没有对赤潮的描述。除了有明海海口附近，其他海域没有养鱼场，因此在过去几乎没有对渔业的影响。现在，赤潮造成了大量的天然鱼的频繁死亡，"谏干"却忽视了赤潮的影响，这样的评估显然存在有很多问题。另外，"谏干"评估曾经强调过"对栖息在谏早湾以及其周边海域的海生生物没有显著的影响"，这种评估永远也不会起到保护环境的作用。

五、谏早湾评估的特点以及反思

（一）作为"免罪符"的评估

"长干"到"谏干"经过了 40 多年，在这期间伴随谏早湾大规模的填海造田计划制定了很多评估，现把它们简称为谏早湾评估。下面介绍谏早湾评估的整个过程以及从评估中所得到的经验教训。

这个工程从 1960 年开始受到港湾内渔民以及包括 3 县港外渔民的强烈反对。因此，谏早湾评估的主要目的在于为了实施施工计划，获得渔民的同意。为减少施工对环境的影响，开展技术上以及代替方案的讨论对这次的评估来说是次要的。这一点从 1963 年的"长干"评估把港外渔业的影响预测作为主要目标的事情上可以看出。但是，这个评估仅仅实施了 2 年。课题的调查项目也局限在特定的研究对象、调查项目以及特定的海域范围内。从大规模施工对环境影响的范围之大、影响因素之多来考虑，这次评估极其不充分。不过，这次评估虽有欠缺的部分，但是，明确指出谏早湾的生物学以及资源学上的重要性，远远超过谏早湾在有明海所占的面积比例。这个结论非常有价值。这个结论在"南总"第一次评估上也被引用，并且在之后的评估上也频频被引用。但是，在"南总"第二次评估之后的评估上却没有被引用。之后的评估由于缺乏有组织的、综合性的实地调查，不能称其为"评估"。

为了赢得与评估无关的渔民的同意，港内以对渔业的补偿为手段，港外 3 县是以缩小施工规模为方法，各自利用了政治性策略。因此，"南总"最终评估和"谏干"评估在施工计划上没有起到任何实际作用。

就如日本水产学会对评估的评价，因为欠缺评估上必不可少的基础性调查研究，施工给谏早湾带来的在量上的价值评价，以及施工带给有明海全域的影响问题也是无法作出评估的。

（二）评估委员会参与评估的方式

谏早湾评估之所以成为免罪符的典型例子，不仅是因为它的调查方法以及评估手法存在问题，而且和评估委员会的做法也有着很深的关系。

评估委员会的组织一般有如下几种方式：① 开发集团直接组织委员会（"谰干"）；② 开发集团委托盈利性公司组织委员会（"南总"二次评估，"谰干"评估）；③ 开发集团委托学会以及协会组织委员会（"南总"一次以及三次评估）；为了确保评估的客观性、科学性、可信度，也有④ 第三方组织委员会的情况。但是，"谰干"评估没有采用这个方法。"南总"二次评估之后的评估之所以质量下降，应该说与② 的组织委员会的方式有关。开发集团往往委托符合他们开发工程计划的盈利性公司，然后被委托的盈利性公司直接组织委员会。委员会评估盈利公司的符合开发集团计划的方案以及调查报告书（委员会在调查设计阶段可以提出意见，或要求重新进行调查）时，在很多的情况下，一般都会给予同意。因此，这个评估还是受到开发集团意志的影响。

委员会的成员直接参与实地调查的只有① 的情况。除了① 的情况之外，一般都是由盈利公司进行实地调查，或者是根据以前的资料撰写报告书。因此，委员会只是对报告书进行审查。所以，评估缺乏科学性和客观性是理所当然的。尤其是，"谰干"评估的委员会接到委托邀请，仅用 4 个月时间就完成了评估。像这种在这么短的期限内完成的评估，是否做到了客观？是否值得信赖？这不禁让人怀疑。结果表明它是形式上的评估，没有起到任何作用。

委员会与开发集团相独立，是否能够以独立的学者专家的立场在评估时坚持自主、民主、公开三原则，会直接影响评估的价值。因此，不仅是委员会的组织方式，委员会的做法在很大程度上也影响着评估的质量。如，对开发集团的认识以及立场，与开发集团、盈利公司、学会、协会等之间的关系，委员会的运营方式等，都会影响评估的质量。当然，作为科学家首先应该学识深且广。另外，通过公平、独立、中立的第三方审查机构与居民的参与，监督评估委员会的评估，保证评估的客观性以及可信度，讨论替代方案，公开信息（包括原始数据的公开等）等方面，这些都和谏早湾评估形成鲜明反差。其特点表现在，对评估方案的阅览时间极短，摘要版对重要内容的隐藏，擅自进行数据的变更等。"南总"一次评估被隐藏竟然有两年的时间，甚至，没有公开由谏早湾防灾对策委员会完成的中间报告书（1983 年 12 月），其摘要版隐藏了防灾上的破绽。另外，委员会的委员还指出"南总"最终评估的摘要版也对数据进行了调整。

从这几点上看，谏早湾评估存在很多不当之处。这个错误随着时间的推移逐渐会显现出来。因此，仓促停止施工，为了替代方案而进行的评估，都深值反思。

（三）环境评估和学会以及协会之间的关系

负责"南总"最后评估的日本农业土木学会，对国家以及佐贺县评估进行解说的日本水产学会，以及负责"长干"评估、"南总"一次评估、佐贺县评估的日本水产资源保护协会（社），是与"谏干"评估有关的学会以及协会。但是，负责"南总"二次评估和"谏干"评估的九州环境管理协会，虽然是财团法人，但属于利益相关方。

水产学会组织了题为"公害问题和水产问题"（1973 年春）、"有关温排水的研讨会"（1974），以及 1994 年秋季的在京都举办的"填海开发对沿岸环境以及渔业生产的影响"的学术会议。组织 1974 年春季和秋季研讨会的是渔业环境保全问题特别委员会。在秋季的研讨会上，负责"南总"以后的评估的冢原博作了"有关填海开发的评估以及环保对策"，即"有关开发与环境保护的报告"。其实是对谏早湾特点的报告。不管如何，水产学会对海岸环境问题表现出很大的关注，组织会员参加研讨，有时通过出版书的方式做宣传，发挥了积极的作用。另外，日本水产资源保护协会委托水产学会特别委员会专家进行评估。对于从事渔业的渔民来说，这是个理想的评估。但是令人遗憾的是，这些学会以及协会如果积极参与组织综合研究有明海的机构的话，不仅是评估的内容上，而且在评估的方法上也会有进步。负责"南总"最终评估的是农业土木学会，对它的评估内容不再赘述，但是，学会在开发集团和委员会之间的具体参与方式并没有进行公开。

六、小结

谏早湾施工虽然开工已有 2 年，但是来自港湾内外的反对和批判之声不断。在新年之际，谰早湾项目又获得了全额拨款，在反对和批判声中仍然坚持施工。这项施工在兴农计划、渔业振兴、财政问题、防灾问题、环境问题等诸多方面存在许多问题（东，1997；外井，1998 等）。本文从中选择有关水域环境和渔业的评估问题加以评价。本文是在日本海洋学会1997 年秋季研讨会的报告"围绕九州潮滩浅海域开发与环境评估的问题"（风吕田等，1999）中，东干夫执笔的"谰早湾大规模填海造田计划的经过和环境评估的问题——填海造田堤防建成前后的底栖生物群的变化"论文的基础上，对一些部分进行修改之后完成的。

（东干夫）

第六节　浮　　体

调查显示，由于填海土地以及人工岛等在沿海区域大规模人为海洋建设，造成了生物生息空间的消失。因为长期使潮流、波浪以及水质发生变化，给开发海域以及周围海域环境带来了预想之外的破坏。没能正确预测环境，调查的方法不当是原因之一，但更主要的原因是经验和学识不足，导致了无法正确预测对生态系统的影响。为了正确分析对生态系统的影响，应收集以前开发项目中所学到的经验知识，而且需要很多的人才资源。这正是本书中所提到的问题。对于没有经验的开发项目，我们要做出加倍的努力。

1996 年建设冲绳美军施瓦布军营的海上停机场以及东京湾第三国际机场时，代替填海土地利用 mega - float，即，利用钢制巨大浮体的意见引起了人们的关注。钢制巨大浮体在不需要的时候可以撤下，并且撤下之后，包括海底的海域仍然存在，这与使海域消失的填海土地不同。因此，有些人称对环境的影响小。但是，钢制巨大浮体有数千米规模，形成了"巨大的暗环境"。有许多海水不断地经过这个浮体流向周边海域。另外，为了保护钢制浮体本身，周边设置防波坝等结构物，这个结构物使海水的流动发生了变化。因此，浮体对周边以及对其周边海域的影响是不可避免的。更主要的是，对这种巨大的浮体，因为我们过去没有使用过，因此，它对环境产生的影响，我们要从不同角度进行探讨。当然模拟试验也包括在其中。在这个基础上，进行浮体的设置对海域生态系统的影响评估，要比填海土地以及人工岛的环境评估更加慎重，要合理地加以评估。

对浮体的制造及其对环境的影响，学会、政府、企业（造船、建设、海运、环境调查）有关部门组织了会议小组，探讨相关问题（海洋产业研究会，1996）。虽然海况变化，产生了暗环境、涂料溶解等负面影响，但是，在诱鱼方面的"潜在效果"同时也在探讨当中。另外，由一些大型浮体有关的企业以及政府部门组成了大型浮体技术研究小组，在东京湾横须贺市追浜冲放置了长 300 m、宽 60 m、深 2 m 的大型浮体模型之后，展开技术上及其对环境的影响研究。这项调查在对生物的影响方面指出了附着生物的大量产生的现状，另外，也指出了浮体的诱鱼作用对整个生物群的影响还没有达到量上的评估水平。（浮体技术研究小组，1997）

1997 年日本海洋学会海洋环境问题委员会在筑波举办了有关浮体特点及其对环境影响问题的研讨会。其中有研究报告指出，浮体的实际耐用年数为 50 年左右。有报告还提出，在技术上可以做到用顺岸式码头，或者是用可以钓起的楔子来固定浮体。对于这个建议，有反驳说，浮体的最大优点是能够自由撤离，并且确保海水的流动。但是，如果建了固定浮体的码头，或者是大型楔子，它们会阻碍海水的流动，给周边环境带来影响。50 年，其实对于周期为一年的大部分的生物生产来说，应该说是很长的时间。甚至还有人指出，切断阳光而带来的 1 次生产者消失，等同于失去了生物群体和生物系。在美国，覆盖海面也看作是填海行为，希望在日本也有相同的认识。因此，在建设之前应该提交有关建设计划以及环境影响评估的文件，预先调查。

浮体和填海不同，对环境的影响过程也不一致。因此，需要适合浮体的调查方式。填海是因为海域的消失而带来生物生产和物质环境的减少。此外，海域消失对地形也有影响，会影响流动的变化，这些变化又影响到周边海域的生态环境。但是，大型钢制浮体会带来海表面的消失和暗环境，影响生物生产和物质循环，流出的海水又影响着周边海域的环境。但这只是个推测，具体的变化还是个谜。时间、空间上的具体的变化仍不是很清楚。大型钢制浮体直接影响鱼卵、鱼子等水表生物的生息空间，遮断阳光间接影响了水里的浮游生物、自游鱼类、底栖生物等。因浮体而形成的暗环境，会影响生活在暗环境的生物群体和物质循环。浮体的规模越大影响也越大。当然，如果浮体面积小，而且对于浮游生物来说浮体造成的暗环境只是其生活空间的一部分，在这种情况下，浮体对浮游生物等的致命影响会很小。因此，浮体的影响预测，不仅要考虑在每个海域的面积，也要考虑到设置浮体海域本身的特点。

不过，浮体周围的海水水质发生变化后，变质的海水又流入周围其他海域，给周围海域的底栖生物以及鱼类带来影响，目前还没有此类报告。暗环境的形成带来植物性底栖生物的灭绝，使经过浮体的植物性底栖生物光合能力下降，消耗氧必然会造成氧浓度的降低。在有机污染严重的港内区域，缺氧化会带来环境恶化。另外海洋生物的大部分，都根据阳光变化做昼夜活动，因此，遮蔽阳光，影响了它们的运动以及生长规律。海水的化学成分影响幼体底栖生物的活动。另外，对经过大型钢制浮体之后流出的海水，鱼类等活动性强的动物所产生的活动变化和生物群相的变化关系是今后的研究课题。

另外，为了固定大型浮体，有必要修建防波坝和地基。在外海，会受到波浪和流速、流量等强能量的影响；如果是在内海，因为海水停滞，氧气供给会降低，水交换的速度也会变缓。不仅是浮体本身，浮体等构造物对海水循环以及对生物的间接影响也是今后的课题。

　　总之，对于一般通过丰富的太阳能和海面进行大气和海水间频繁物质交换的沿海浅海生态系统来说，巨大暗空间的出现，对生物之间以及海面和大气的物质交换过程有何影响还是个谜。因为社会的需求，虽然预测到对环境的影响，但是，如果设置的必要性很大，理所当然要认真进行课题探讨，然后进行环境预测。但是，预测终归是预测，还会有其本身的局限性。因此，在设置之后会发生预测之外的事情。在填海或人工岛等开发项目上，建成之后的影响调查，直接关系到评估质量的高低。更何况，像浮体这种我们之前没有经历过的项目，更加需要我们慎重、认真地去探讨。另外，建成后的调查也很重要。

（松川康夫　风吕田利夫）

第七节　今后的课题

　　所谓的"环境评估"，其实是预测开发对自然以及社会的环境影响，研究开发项目的合理性以及开发的内容，另外还包括为了缓解开发带来的负面影响，施工集团、政府、居民之间通过科学资源的共享，探讨问题的过程。因此，首先要对开发海域的自然环境特点有所了解。之后，对环境进行科学评估。当然在这个过程中科学的调查以及讨论是不可缺少的。以前的评估只是作为施工前的手续之一，因此，这种评估对开发项目一般不会反对，归根结底是开发集团的自我评估，缺乏科学性。一般情况下，这种大规模的开发工程的责任主体是国家或自治体，因此，这种评估一般会利用国民的税金进行，但评估的结果却不公开，甚至在评估的实施和结论上，排斥市民和专家的意见。因此，围绕评估内容，首先会发生施工集团和市民之间的对立，阻碍评估进行的事件也时有发生。

评估体制包括监督评估的施工集团，评估时给予科学性意见的专家委员会，另外，还有对评估结果进行公示的过程以及施工之后对预测值的进一步调查的过程。因此，评估的过程在一般情况下不会受到阻碍。并且，在每一次评估时，通过分析获取到的经验以及数据资料，还有助于下一次的评估。这样形成一个有益于社会的体制完善的评估体系。最后，分析一下以前在日本沿海岸以及汽水流域实施大型开发项目时评估的实施过程，然后找出问题作为今后继续研究的课题。

一、问题所在之处

以前的评估存在诸多问题的根本原因有以下三点。

（一）环境评估的制度

环境评估的内容是评估该开发工程给开发区域内的自然生态系统以及人类社会生活带来的影响。但是，以前的环境评估主要是根据法律（日本法）来进行判断，因此，"该施工项目影响范围"只局限在开发项目进行的区域，对于开发项目周边的生态系统以及居民生活的影响没有进行评估。也就是说，实施环境评估的法律制度尚未完善。如，藤前潮滩填海造地计划，其目的是在港湾建设垃圾处理场，因此在环境评估时，"填海造地"是根据运输省的《公有水面开垦法》，"垃圾"是根据厚生省的《废弃物处理场以及清扫有关法律》分别进行的，忽视了《候鸟保护条约》等国际法条文。

另外，在以前的评估体制下，开发集团（一般情况下是国家或者是自治体）本身是评估实施方。因此，评估被恣意利用，评估的结果失去了社会公信力，这一点在过去的开发项目上也被指出。这种评估体制问题，在1996年6月新制定的环境评估制度上也存在着影响。因此，希望开发集团本身自觉地认识到，在评估上的主观态度对评估的内容具有很大的影响力。

委托评估的是开发集团，决定评估的内容以及结论的是指导评估的"讨论会、委员会"等专家以及实际参与调查分析的调查公司（顾问），有时是进行调查的负责人。另外，开发集团本身作为一个组织对评估的内容负责，而不是作为个体。但是，开发集团本身不进行科学调查。实际上，开发集团本身对评估的内容无法承担责任。因此，在评估时开发集团必须保证研讨会以及监督员的意见和报告的自主性，并且要支持他们的意见。

(二) 开发计划本身的问题

对开发计划必要性的合理说明不足，没有社会的配合，无法给予人们动力。另外，开发计划的规模不确定，无法实施有效的调查。开发集团为了避免社会对开发项目的阻碍，希望评估只是形式上的一个程序。这种方式曾经歪曲了很多评估，在涸早、宍道湖、中海、长良川评估上可以看到。明确开发目的、规模、结构，是展开科学有效评估的基本条件。

(三) 有关影响评估的信息

1. 对开发计划区域的自然及社会环境特殊性的了解不够

在评估之前，对受影响区域的环境特点以及范围没有做提前的调查和整理，只是按照过去评估的项目，仿效其方法敷衍了事。这种信息不足的原因之一，是目前环境影响调查数据的欠缺，也就是说，根本没有进行过对环境影响的调查。另外一点是，没有对有限的数据资源进行梳理和有效利用。基础性数据资源欠缺的原因，首先是从事对环境影响的基础性研究的人才不足，相应的基础性调查研究机构欠缺。同时，缺乏有组织的数据收集以及处理过程。基本的环境影响信息不仅有利于评估，而且，在保护目前的环境方面也起着有效的作用。因此，作为有利于社会的财产，有必要积极进行收集和积累。

2. 有效利用过去的环境影响评估数据

过去信息几乎不公开，相当于过去的数据不存在。另外，因为是金字塔式的行政体制，如果施工内容不一致，对过去的评估结果会有不良影响。但是，当要利用过去资料时，数据却是尚未整理的状态。不利用过去资料的根本原因，是因为过去资料的可信度低。收集便于利用的评估资料，对于环境评估来说是最基本的问题。

3. 几乎没有进行对环境影响预测值的评估调查

长良川的事例显示，实际与评估的预测有很大的差距。因为预测的对象是自然环境，因此这种差距不可避免。问题是，如果有差距，就要分析其差距的原因，理解自然环境的特点，并且把这种理解有效地应用在今后的评估上。科学研究通过反复进行假设和验证而进步。没有事后调查，评估就不会有进步。

二、研讨会的作用

大型开发项目的评估，往往会对评估的内容和结果进行讨论，最后进行总结（称为委员会、审查会等，根据开发项目，名称有所不同）。其成员一般都是专家学者。讨论结果公之于众。也就是说，研讨会上最终得出结论。其实讨论会很难对评估的内容和结论负责。在"谏干填海造田工程"的初期评估阶段，可以看出是以科学态度进行的评估。但是，这对希望得出"开发带来的影响基本上很少"的施工集团来说，不是理想的方式。因此，经常发生擅自更改结论的事情，甚至在之后的评估上，为了能获得施工集团所期望的结论而选出符合自己意向的人员，阻碍了有实效性的评估顺利开展。

这种现象，基本问题在于施工集团本身恣意的运营方式。但是，以专家的立场参加评估的专家学者在认识上也存在着问题。也就是说，缺乏对开发项目评估的社会道德意识，也有一部分学者欠缺专业知识，作为委员的责任意识也不足。其结果使评估失去了社会公信力。一般来说，评估是涉及诸多领域的大型工程项目，因此评估的实施和结果，体现出专家学者的学识能力。学者缺乏职业道德意识的背后，首先应该指出的是，讨论会的成员是由施工集团自选的专家，这是由不公开委员的姓名和讨论内容的评估方式造成的。科学的评估，其方式、结果以及结论应该经得起社会的讨论与评价。

三、顾问的作用

在现行评估的体制下，对评估具有实施权力的是施工集团。但实际负责进行调查以及总结的是环境调查公司（所谓的顾问）。前面已经提到，表面上讨论委员会起到指导调查以及分析结果的作用，但实际上几乎都是委托人的施工集团直接指使调查公司进行施工项目评估。目前这种评估方式，其实是由施工业主自主进行评估，如果找到不利于施工项目的问题，那等同于违反了委托人意思。因此，对于环境调查公司来说，施工集团是实际上的监督者，评估必须要符合施工集团的意向。因此，施工集团的意向影响着评估。

但是，从长良川、藤前、三番濑的事例上可看出，社会越来越关注环境问题。施工集团再也不能像以前一样无视当地居民和社会的意见而强行开展施工项目了。如果像以前一样不公开评估内容，只是对评估的结果进行公示，那么，很难得到社会的认可。藤前、长良川、中海的例子还说明，对评估内容，当地居民以及专家可以提出意见，也可以要求重新进行评估。在这个过程中，与施工集团以及讨论会一样，负责影响调查的顾问的作用和责任备受关注。

评估必须要以科学的方式进行。环境调查公司是实际的实施者。一般来说，调查方的方法以及判断能力很大程度上影响着调查数据的质量。尤其是像生物现场的调查这样无法重复进行的调查数据，只能凭借个人的能力来完成，并直接关系到数据的可信度。因此，在制订调查计划时，听取有着丰富现场经验的调查人员的意见，能够使调查合理有效地开展。也就是说，负责现场调查的管理人员的素质会直接影响评估的质量和社会公信力。因此，进行现场调查的管理人员要像专家学者一样具备专业的科学能力，并且对自己所做的事情负责任，这样他们的评估才能经受得住社会的考验。因此，施工集团以及讨论委员会要对他们的科学能力像专家学者一样给予肯定，并且，当他们在进行评估时应该给予他们自主工作的自由。

为了提高现场调查管理人员的素质，信息公开是必要的。包括对原始数据资料的公开，使负责项目的专家可以根据数据资料编撰社会科学方面和自然科学方面的论文，对外界陈述自己的观点，通过这种方式，项目负责专家自然而然地提高了自身的科学研究能力，同时专家的经验和知识会回馈给社会。因此，社会对专家的评价也会有显著提升。

四、小结

三番濑填海计划立案时，作为计划主体的千叶县重视对现场生物系统的调查，从这一点上可看出，评估越来越受到社会的重视。但是，评估的实施主体仍然是施工集团（通常是政府）。目前的评估发生了一些变化，那是因为施工集团为了适应社会的要求而主动改变，由此带来了变化，绝不是通过施工集团以及当地居民之间达成的共识而改变的。因此，不能完全说评估在制度上得到了保障。

其实，评估应该是由与开发施工集团和当地居民相独立的第三方来进行的。但是，新制定的环境评估法，负责评估实施的仍然是开发施工集团。以前的评估的最根本问题在于，不追究内容和实施方的责任。甚至，从计划制订的阶段就存在开发的不合理性（信息的公开，决定方式等）和不科学性问题。因此，引起了诸多问题，遭到了政府部门和居民的反对。虽然评估用的是税金，但是，其成果对社会的贡献度很低。因此，评估费的价值没有得到充分体现。因此，在这种情况下，专家和居民无法协助评估的实施，并且对负责评估调查的管理人员的评价也会降低。

今后在环境评估法的基础上，为了保障制度的实效性，首先开发项目要有可变性，在这个前提下进行评估，信息要公开，责任也要明确。具有实效性的评估，有利于收集科学资料，培养从事环境保护工作的人才。通过有实效性的评估，积累环境知识和培养环保人员是很重要的。因此，为了能够实施以公开和责任制为前提，社会共享的评估，需要建立起施工集团（政府）、管理公司、专家以及居民共同参与的运营体制。

（风吕田利夫　石川公敏　佐佐木克之）

参考文献

1

建設省河川局・水資源開発公団（1992）：長良川河口堰に関する追加調査報告書.

建設省中部地方建設局・水資源開発公団中部支社（1995）：長良川河口堰調査報告書，第 2 巻.

建設省中部地方建設局・水資源開発公団中部支社（1996）：平成 7 年度，長良川河口堰モニタリング年報，第 1 巻.

建設省中部地方建設局・水資源開発公団中部支社（1997）：平成 8 年度，長良川河口堰モニタリング年報，第 1 巻.

建設省中部地方建設局・水資源開発公団中部支社（1998）：平成 9 年度，長良川河口堰モニタリング年報.

Murakami T, C. Isaji, N. Kuroda, K. Yoshida and H. Haga (1992): Potamoplanktonic diatoms in the Nagara River; flora, population dynamics and influences on water quality. *Jpn. J. Limnol.*, **53**: 1 - 12.

Murakami T, C. Isaji, N. Kuroda, K. Yoshida, H. Haga, Y. Watanabe and Y. Saijo (1994): Development of potamoplanktonic diatoms in downstreaches of Japanese rivers. *Jpn. J. Limnol.*, **55**: 13 - 21.

村上哲生（1998）：利根川河口堰付近の堆積物の状況. 利根川河口堰の

　　流域水環境に与えた影響調査報告書，日本自然保護協会，83 - 88.

Murakami T, N. Kuroda and T. Tanaka (1998): Effects of a rivermouth barrage on planktonic algal development in the lower Nagara River, central Japan. *Jpn. J. Limnol.*, **59**: 251 - 262.

村上哲生，西條八束 (1998)：河口堰の環境アセスメントを考える―利根川・長良川の事例から. 環境アセスメントここが変わる（島津康男ら編），148 - 163，環境技術研究協会.

長良川河口堰に反対する市民の会 (1991)：長良川河口堰. 技術と人間，224pp.

Nienhuis P. H. & A. C. Smaal, eds (1994): The Oosterschelde Estuary (The Netherlands): A Case Study of a Changing Ecosysystem. Kluwer Academic Publishers, 597pp.

日本自然保護協会 (1990)：長良川河口堰事業の問題点　中間報告，日本自然保護協会，133pp.

日本自然保護協会 (1992)：長良川河口堰事業の問題点　第2次報告，日本自然保護協会，73pp.

日本自然保護協会 (1996)：長良川河口堰事業の問題点　第3次報告，長良川河口堰運用後の調査結果をめぐつて―汽水域の破壊と河川の湖沼化―. 日本自然保護協会，135pp.

日本自然保護協会 (1998)：利根川河口堰の流域水環境に与えた影響調査報告書，日本自然保護協会，218pp.

奥田節夫 (1996)：感潮河川における堆積環境. 河川感潮域―その自然と変貌―. 西條八束・奥田節夫（編），名古屋大学出版会，85 - 105.

西條八束 (1998)：長良川河口堰における河川棲植物プランクトンの増殖と流量の関係について. 応用生態工学，1：33 - 36.

西條八束，奥田節夫，山室真澄 (1996)：貧酸素水塊の形成. 河川感潮域―その自然と変貌―. 西條八束・奥田節夫（編），名古屋大学出版会，173 - 194.

Thornton, K. W., B. L. Kimmel and F. E. Payne, eds (1990): Reservoir Limnology, Ecological Perspectives. John Wiley & Sons, 246pp.

2

日本海洋学会海洋環境問題委員会（1993）：閉鎖性水域の環境アセスメントに関する見解，東京湾三番瀬埋め立てを例として．海の研究，**2**，129‐136.

日本自然保護協会（1991）：三番瀬埋め立て（市川二期．京葉二期埋め立て）の問題集，資料集．pp.96.

千葉県土木部．企業庁（1998）：環境の補足調査によって把握した「市川二期地区・京葉港二期地区計画に係わる環境の現況について」（要約版），336pp.

千葉県土木部・企業庁（1999）：市川二期地区・京葉港二期地区計画に係る補足調査結果報告書，予測編（概要版），pp.36.

3

風呂田利夫・関口秀夫・菊池泰二・田北　徹・東　幹夫（1999）：九州の干潟を中心とした浅海域開発と環境アセスメントの問題点．海の研究，**8**，47‐68.

日本海洋学会環境問題委員会（1996）：閉鎖性水域の環境影響評価に関する見解，中海本庄工区干拓事業の場合，海の研究，**5**，333‐344.

農業土木学会　宍道湖中海淡水湖化にともなう水管理および生態変化に関する研究委員会（1983）：宍道湖中海淡水湖化に関連する水理水質および生態の挙動について．中間報告，642pp.

農林水産省中海干拓事務所（1989）：中海干拓事業概要（パンフレット）．

佐々木克之（1996）：1996年度秋季大会ナイトセッション「中海の環境影響評価の課題」報告．海の研究，**5**，377‐378.

新日本気象海洋株式会社（1994）：宍道湖・中海水質予測事業中間報告書（本庄工区水質予測結果）．

4

日本海洋学会海洋環境問題委員会（1993）：閉鎖性水域の環境アセスメントに関する見解，東京湾三番瀬埋め立てを例として．海の研究，

2，129 - 136.

5

東　幹夫（1997）：諫早湾干拓事業の矛盾と破錠—いま，なすべきこと—. 福岡教育問題月報，**(115)**，1 - 8.

鎌田泰彦（1967）：有明海の海底堆積物. 長崎大学教育自然研報，(18)，71 - 82.

菊池泰二. 田中雅生（1978）：汚染海域ベントスに関する研究，有明海，八代海のベントス群集. 特定研究「海洋保全」有明海班昭和50—52年度研究成果報告，59 - 74.

外井浩志（1998）：諫早湾干拓問題についての日弁連の意見. 日本の科学者，**33**（2），33 - 37.

山下弘文（1976）：南部地域総合開発計画批判　第3報. 干潟は生きている，(3)，3 - 20.

6

海洋産業研究会（1996）：大規模海洋構造物による海洋環境創造に関する調査研究報告書，pp. 137.

メガフロート技術研究組合（1997）：超大型浮体式海洋構造物（メガフロート）. 平成8年度研究成果報告書，概要，pp. 323.

第三章

如何应对新的"环境影响评估制度"

序

从国家和自治体等沿岸的"环境影响评估制度"的实施例子中可以看出，这些实例都留下了很多未解决的课题。首先，这些环境影响评估制度的实施例子都是根据全国统一的内容（调查项目、方法、工作流程等），由负责的部门企划立案，之后同相关政府机关或自治体的负责人进行事前商洽，再由负责的部门选出的专门委员所构成的委员会进行审议。这些调查计划大多是把责任人企划的内容（一部分内容是照搬了施工方的调查公司所决定的调查内容）直接作为调查结果汇报，并没有充分公示信息就直接进入实施阶段。

至今为止，近 30 年来实施的"环境影响评估制度"留下了以下 4 个课题。① 因开发方推动而尽早实施开发计划，或者出于"减轻开发方的调查费用负担"的目的，对于调查时间、调查内容等自然而然地增加了制约，大多会对调查结果产生很大的影响。② 只要调查结果达到环境基准（例如，水质的 COD 测定值等），"开发计划"就会得到委员会的批准并进入实施阶段，环境影响评估制度一直以来都是"手续上的、形式上"的内容，因此，环境影响评估的内容并没有充分考虑到地域性或时间空间规模，大多比较仓促地下结论。③ 委员会或审议会的成员没有尽到应尽的职能和责任，造成的结果是直接推动实施"开发计划"等，因此同居民之间产生很多摩擦。本来可利用"地域性或时间空间规模"，使居民们充分了解到生态学的环境课题，从而得到他们的支持。④ 因为调查结果信息公示不及时、充分，没能形成影响评估的客观评价体制等。换言之，当前最重要的是建立"公正的行为评价体制"，把环境数据保留下来作为"知识财产"活用到未来的环境管理上，可是在当前还没有充分认识到这一点。

　　1999 年日本实施了"环境影响评估制度"，其内容完全模仿其他发达国家的事例和方针。20 世纪 70 年代、80 年代，美国以及欧洲的先进国家开始实施以可持续发展为目标的"环境影响评估制度"，在此基础上，"对于生态系统的保护"、"保持政策决定的透明性"、"居民参加决议"、"提交备选方案"成为其主要框架。1993 年日本成立的《环境基本法》正是倡导了这些理念，1999 年开始实施的"环境影响评估制度"也是在此基础上制定的。迄今为止，方针变化最大之处在于选拔审查工程目标和决定评估项目或方法（Scoping）这两个工作流程上，并特别参考了美国或者荷兰等发达国家的制度。可是具体跟发达国家的制度相比，这次的"环境影响评估制度"还有很多可以继续讨论的课题。比方说，为了实行"对于生态系统的维护"、"保持政策决定的透明性"、"居民参加决议"、"提交备选方案"，其具体体制是否完备；或者"监管系统"、"数据管理体系"、"评估委员会"等是否已经成立等。

值得一提的是，美国的《国家环境政策法》（National Environmental Policy Act — NEPA）在 1970 年开始施行，是世界上首次将"环境影响评估制度"作为法律制度立法成功。依照这项 NEPA 法律所规定的目标，环境评估书上要包含的内容有"提案行为对环境的影响；对环境不能回避的所有恶劣影响；备选方案；局部并且短期利用环境，和长期维持并且提高生产力之间的关系；实施后不可逆转并且不能恢复的资源流失问题"。作为总统的独立咨询机关，设置环境咨询委员会（Council on Environment Quality — CEQ），在实施 NEPA 之际，承担制定原则的职责，并依据信息公开法，必须要对公众公示其制定的原则。另外，荷兰设立了一个独立机构，在决定评估项目或方法（Scoping）以及审查环境评估书的准备阶段，从专业、科学的立场出发，向工程审批所辖厅提出建议。荷兰的"环境影响评估制度"拥有着日本所没有的众多优点，日本必须努力缩小差距。

在本章中，我们将详细解说新制度与迄今为止的制度之间的不同，新制度的实施目的以及具体内容。另外，从海洋研究的视角来看，就如何弹性地运用这一制度阐述我们的想法和建议，进而提出今后的课题。期待我们的这些努力，能使新的"环境影响评估制度"进一步完善，使日本尽早踏入世界环境先进国家行列。

第一节　环境影响评估制度的工作流程

一、环境影响评估法的理念和工作流程

人类对大自然的影响巨大。我们必须避免自身活动直接或间接地影响到人类生存。环境影响评估即是其手段之一。

活动之前先评估对环境会造成的影响，为了缓和其影响，集思广益，进行环境影响评估。美国在 1970 年首次将其确立为明确的法律制度，并迅速扩展到全球。即使在日本，引进此制度也历经了 20 多年。日本应该设定自己的环保目标，通过是否达成目标进行绝对评价，积累经验和实绩。另一方面，"日本式的环境影响评估"也突显了很多问题，如被称为开发

商的免罪符等。

以"防治公害"和"保护自然环境"为两大支柱的环境行政管理现今也发生了巨大改变。在巴西召开以"可持续开发"为宗旨的"地球环境首脑高端会议"后，"从每个国家做起，统一发展"成为全球规模的"环境保护"体制框架。

1997 年 6 月 13 日，日本终于制定了《环境影响评估法》（以下简称《环评法》）。这项《环评法》，在各种围绕环境的问题当中，以什么为目标，又跟迄今为止的环境影响评估制度有什么不同呢？我们一起来回顾一下《环评法》成立的过程，介绍一下其主要宗旨。

（一）《环评法》的意义和在日本如何施行此制度

环境影响评估的起源和国外的实施情况

环境影响评估制度是美国在 1969 年首次立法的法律制度，具体名称为《国家环境政策法》，在 1969 年通过，1970 年 1 月正式施行。这项制度规定，在实施大规模的开发项目等之前，项目开发责任方要调查、预测及评估对环境产生何种影响，并分步公开这些信息；要求相关各方研讨如何在保护环境的前提下开发新的工程项目。在美国，此项制度规定了"对于人类环境质量产生显著影响的项目提出应对法案，以及其他的主要联邦政府性质的行为"，即不单工程建设，提出法案、批复立项、交付补助金等联邦政府行为均属该法案管辖范围。

其后，在倡导"为防止环境破坏，选择优先关照环境"的大环境下，世界各国相继制定了相关法律制度。1995 年 9 月日本环境厅总结发布了《诸国的环境影响评估制度详细状况》一文，共调查了 59 个国家，其中 47 个国家制定了相关法律，7 个国家由国家行政机关实施环境影响评估制度。另外，由于日本终于在 1997 年 6 月成立法案，在这一时点上，加盟经济合作与发展组织（OECD）的所有 29 个国家，全部拥有一定的相关法律制度，规定环境影响评估的工作流程。

各国在指定环评对象工程时还有些差异，日本既有同欧洲诸国一样的情况，也有不一样的情况。例如，欧洲诸国对于有可能给环境带来重大影响的相关项目，不管是政府的还是民间的都要求实行环境影响评估。同时，在实行环境影响评估时，如遇与政府的政策立案相关的项目，评估体制又不相同。

在日本如何施行此制度？

在日本将此制度立法的过程比较漫长，可是引进此制度却相对比较早。早在 1972 年 6 月，在内阁会议上就讨论了《各种公共事业的环境保护对策》，引进了环境影响评估的理念，具体是"国家的行政机关，就所管的公共事业项目，要求实施责任者事前调查讨论，主要是调查对环境的影响以及程度，讨论防止环境破坏的措施，比较备选方案等。并且根据调查结果，采取必要的措施"。1972 年 6 月到法案成立为止的具体历程可以参照表 1。

表 1　日本环境评估制度立法过程

1972.6.6	内阁会议上首次讨论在公共事业上实施环境影响评估制度	首次讨论议案《各种公共事业的环境保护对策》
1972.7.24	四日市公害诉讼判决	指出开发事业责任人有义务进行环境影响评估
1972—1973	通过个别法案改正等导入环境影响评估制度	制定《港湾法》、《共有水面填埋法》、《濑户内海环境保护临时措施法》等
1974.7.1	改正环境厅组织令	明确环境影响评估为环境厅的负责事务
1975.12.23	向中央公害对策审议会要求征集民意	环境厅长官就《环境影响评估的实施办法》征集民意
1976.9	制定方针，指导在相关大规模工业开发中实施环境影响评估	环境厅批示《在睦小川原综合开发计划第二次基本计划中实施环境影响评估》
1977.7.4	在产业部的部级会议上发布通告	通商产业部批示《加强发电厂的场址选择的环境影响调查及环境审查》
1978.7.1	建设事务次官发布通告	建设部批示《建设部所管事业的环境影响评估的当前措施》
1979.1.23	交通部长发布通告	批示《铺修 5 条新干线时实施环境影响评估》
1979.4.1	中央公害对策审议会报告	《环境影响评估的实施办法》报告
1981.4.28	环境影响评估法案在内阁会议上通过，向第 94 次国会提交议案	

1981—1983	法案在国会上继续审议	
1983.11.28	法案被废弃（第100次国会）	因众议院解散，审议没完成而废弃
1984.8.28	内阁会议上通过《环境影响评估实施纲要》	阁议通过实施《环境影响评估》
1984.11.21	决定工作流程的共通事项	在环境影响评估实施推进会议上通过《环境影响评估实施纲要，制定工作流程的共同事项》
1984.11.27	决定环境调查的基本事项细则	环境厅长官批示《实施环境影响评估、调查、预测及评估的基本事项细则》
1985.1.14	制定相关手续条例	环境厅长制定《相关手续的条例等》
1985.3.29—6.5	决定环评对象工程的规模等	主管大臣和环境厅长官协议，决定环评对象工程目标的规模等
1985.4.1—12.12	基本通告	国家的行政机关，关于环境影响评估纲要对事业责任人实施指导等
1987.12.1—12.22	制定技术指导方针	主管大臣和环境厅长官协商，制定环评对象工程的种类及各个技术指导方针
1993.11.19	《环境基本法》公布、实施	第20条规定推进环境影响评估制度的施行
1994.7.11	环境影响评估制度综合研究会第1次碰头会	开始综合调查研究

1994.12.28	制订环境基本计划并公示	推进有关环境影响评估制度的综合调查研究
1996.6.3	环境影响评估制度综合研究会报告书公示	制定报告书并公示
1996.6.28	向中央环境审议会提出征集民意	内阁总理大臣就《今后的环境影响评估制度办法》征集民意
1997.2.10	中央公害对策审议会报告	向首相汇报《今后的环境影响评估制度办法》
1997.3.28	环境影响评估法案内阁会议通过，向第140次国会提出	
1997.5.6	环境影响评估法案在众议院通过	
1997.6.9	环境影响评估法案在参议院通过、立法。	
1997.6.13	《环境影响评估法》公布	
1997.8.7	举行第1次技术研讨委员会讨论环境影响评估基本事项细则	开始研讨环境影响评估基本事项细则相关的技术问题
1997.11.25	报告基本事项细则并公示	总结报告书并公示
1997.12.3	决定施行环境影响评估法的对象工程	发布有关环评对象工程的政令
1997.12.12	决定基本事项细则	环境厅长官批示《环境影响评估的基本事项细则》并公示

1998.6.12	施行总理府令，判定基准、技术指导方针等	公布并施行以下法令：相关手续的《总理府令》、《指导制定调查、预测及进行合理评估环境影响评估实施细则的指导方针、环境保护的措施等的主管部门法令》
1999.6.12	施行《环境影响评估法》	

有两次想将此制度立法。第一次是在 20 世纪 70 年代，没有立法成功，1984 年在内阁会议上通过了《环境影响评估实施纲要》，通称为《阁议环评纲要》，开始通过行政指导实施环境影响评估。另外，在《共有水面填埋法》等个别的法条，或是地方自治体等的条例、纲要中也各自加入了有关环境影响评估的内容。

1993 年制定了《环境基本法》等，基于这个新状况，根据"重新讨论法制化"这一政府方针，再次进入推进法制化的进程。历经两年的国内外的调查研究，通过向中央环境审议会咨问和答辩环节，在 1997 年 3 月 28 日向国会提交环境影响评估法案，在同年 6 月 9 日得以立法，至 13 日公布。具体施行分为 3 个阶段。首先是工程目标，根据各个指针在同年 12 月规定基本事项细则；其次，在 1998 年 6 月施行"判定基准"、"项目及手法的选定方针"、"环境保护措施指针"等，最后，经过了一年的准备，终于在 1999 年 6 月依据《环境影响评估法》（以下简称《环评法》）开始施行环境影响评估。

法制化的意义

之所以要将制度法制化，至少有以下两点原因。

1.《环评法》是多个主体共同参加的法律机制，如工程责任人、当地居民、环境方面的专家、有特定资格的人员等。大家一起根据法律制定规则，确保工程项目得以顺利地实施。

2. 以《阁议环评纲要》等为行政指导进行的环境影响评估本身有一定的局限性。比如，行政手续上面有明确的规定，要靠工程责任人的个人判断来决定是否依从行政指导，这样一来就不能确保正常实施环境影响评估。另外，和地方制度之间的协调也有一定的局限性。

这次的《环评法》正是以克服这些问题为目的，以环境行政管理及环境影响评估的国际动向等为基础，大大丰富了具体实施内容。

(二) 环评对象工程

符合此法律的环评对象工程，必须要满足两个条件。一是规模大，有可能对环境产生巨大影响；二是国家实施的工程项目或者需要特别批示的环评对象工程。

环评对象工程是指依据《环评法》有义务实行具体手续的工程项目。并没有全部明示需进行环境影响评估的工程范围。因此，即使不作为法律施行的环评对象也有可能成为地方自治体条例的对象。负责人不得妨害环境调查，因为这些调查是保护环境的必要行为。

以《阁议环评纲要》等为基础，决定具体的工程种类和规模，首先必须规定进行环境影响评估的第一种工程项目范围。其次，规定了第二种工程项目范围，第二种的每个工程项目都要事先判定是否适用此法律。即使规模小于第一种，但是也有可能因为个别工程内容或地域状况不同对环境产生巨大影响。第一种和第二种工程项目的关系如图1所示，环评对象工程如表2所示。

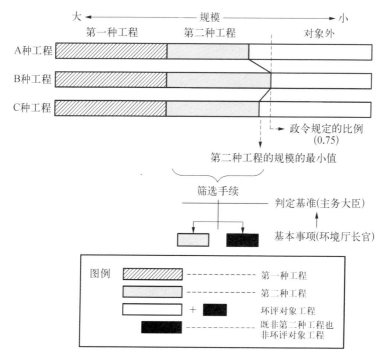

图1　环评对象工程和第一种工程、第二种工程之间的关系

表2 工程目标一览表

《阁议环评纲要》和《环评法》不同点

《阁议环评纲要》的环评对象工程	《环评法》的对象工程		
	工程种类	第一种工程规模	第二种工程规模
1. 新铺设道路等	1. 道路		
● 高速国道 ● 首都高速道路，阪神高速道路，指定都市高速道路（4车道以上） ● 一般国道（4车道10 km以上）	● 高速国道 ● 首都高速道路等 ● 一般国道 ● 大规模林路	全部 全部（4车道） 4车道10 km以上 2车道20 km以上	—— 7.5 km以上 10 km以下 15 km以上 20 km以下
2. 修建水库等其他河川工事	2. 河川		
● 水库（储水面积200公顷以上，一级河川） ● 建设部所管的堰坝（新建，改建后储水面积100公顷以上） ● 开发湖沼（土地改变面积100公顷以上） ● 水道（土地改变面积100公顷以上）	● 水库 ● 堰坝 ● 湖沼水位调节设施 ● 水道	储水面积100公顷以上 储水面积100公顷以上 改变面积100公顷以上 改变面积100公顷以上	75公顷以上 100公顷以下
3. 建设铁道等	3. 铁道		
● 新干线铁道	● 新干线铁道（包括规格新线） ● 普通铁道 ● 轨道（相当于普通铁道）	全部 10 km以上 10 km以上	—— 7.5 km以上 10 km以下 7.5 km以上 10 km以下

《阁议环评纲要》的环评对象工程	《环评法》的对象工程		
	工程种类	第一种 工程规模	第二种 工程规模
4. 飞机场（飞机跑道 2 500 m 以上）	4. 飞机场	飞机跑道 2 500 m 以上	1 875 m 以上 2 500 m 以下
	5. 发电所		
	● 水力 ● 火力（地热以外） ● 火力（地热） ● 核能	发电 3 万千瓦以上 发电 15 万千瓦以上 发电 1 万千瓦以上 全部	2.25 万以上 3 万千瓦以下 111.25 万以上 15 万千瓦以下 7 500 以上 1 万千瓦以下
5. 填埋地、填海造田 ● 面积超过 50 公顷的填埋、填海造田 ● 面积超过 30 公顷的废弃物最终处理场	6. 废弃物最终处理场	30 公顷以上	25 公顷以上 30 公顷以下
	7. 填埋公有水面	超过 50 公顷	40 公顷以上 50 公顷以下
6. 土地区划调整工程（面积 100 公顷以上）	8. 土地区划调整工程	100 公顷以上	75 公顷以上 100 公顷以下
7. 新住宅街道开发工程（面积 100 公顷以上）	9. 新住宅街道开发工程	100 公顷以上	75 公顷以上 100 公顷以下
8. 工业区建设工程（面积 100 公顷以上）	10. 工业区建设工程	100 公顷以上	75 公顷以上 100 公顷以下

《阁议环评纲要》的环评对象工程	《环评法》的对象工程		
	工程种类	第一种 工程规模	第二种 工程规模
9. 新都市基础设施工程（面积 100 公顷以上）	11. 新都市基础设施工程	100 公顷以上	75 公顷以上 100 公顷以下
10. 物流业务区域建设工程（面积 100 公顷以上）	12. 物流业务区域建设工程	100 公顷以上	75 公顷以上 100 公顷以下
11. 特殊法人建设用地（面积 100 公顷以上）	13. 住宅建设工程（"住宅地"里包括了住宅地、工厂用地）		
● 农用地规划公团（面积 100 公顷以上） ● 环境工程团（面积 100 公顷以上） ● 住宅·都市规划公团（面积 100 公顷以上） ● 地区振兴规划公团（面积 100 公顷以上）	● 环境工程团 ● 住宅·都市规划公团 ● 地区振兴规划公团	100 公顷以上	75 公顷以上 100 公顷以下
	○ 港湾计划	填埋·挖掘面积 300 公顷以上	

（三）依据《环评法》进行环境影响评估的步骤

环境影响评估，是依据一定的规则和流程，多个主体共同参加，在开发项目的同时最大限度地保护环境的一种环保制度。工程责任人的自我约束尤为重要。《环评法》规定了各项工作流程的步骤。整体工作流程如图 2 所示，从项目和手法的选定，到"准备书"的完成等的详细工作流程如图 3 所示。

在早期阶段要考量的环境因素

现行的《阁议环评纲要》中规定，工程责任人在调查、预测、评估结束后，将其结果整理为"准备书"，开始实行外部工作流程。由于细致的调查及预测的结果都归纳总结成印刷品，因此我们看这些印刷品，不能否认给人留下了以下这些强烈的负面印象，如不能变更工程项目的选址或是内容、不能接受对环境影响评估结果进行修正或是追加调查等意见。

环境影响评估本身是一种最大限度地保护环境的环保制度，所以开始得越早就越是有利于实施环境保护措施。

早期阶段又可以区分成两个阶段，进行各项制度的讨论。一个是个别工程项目的环境影响评估的实施时期，另一个是个别工程项目的框架计划或政策制定时期。其中，前者的问题通过导入选拔审查和决定评估细则工作流程已经解决。

1. 有关第二种工程项目的判定（选拔审查工作流程）

《环评法》的选拔审查工作流程规定，在第二种工程项目中，个别工程项目都要逐项判断是否实施环境影响评估。

工作流程如图 2 所示，第二种的工程项目，工程责任人要向上级行政机关提出特批申请。上级行政机关在听取都道府县的知事意见后，考量工程的特性和地域特性，在申请提出的60 天以内判定能否依据《环评法》执行具体工作流程，并将结果和其理由通知工程责任人和当地知事。

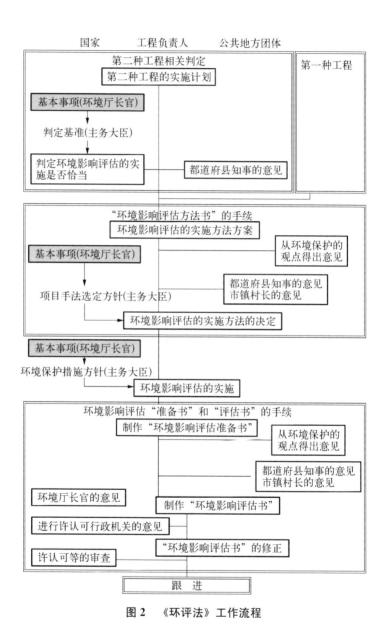

图2 《环评法》工作流程

第二种工程项目的判定结果，对工程责任人来说相当于新的负担，因此有必要依据客观条件进行判定。在具体操作上，精通工程项目内容的上级行政机关，会充分听取熟悉地域环境的都道府县知事的意见，依据基准来判定。

基准内容在实施环境影响评估的前期阶段已经确定下来，其中详细记述了对环境产生巨大影响的各个项目，一旦符合其中某项，就有可能对环境产生巨大影响，因此有必要对这样的项目实施环境影响评估。具体如图3所示，判定基准由个别的工程内容（工程特性）和环境状态等其他内容（地域特性）的5项构成。

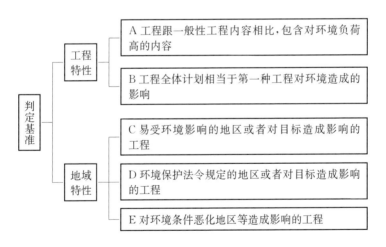

图3　判断基准的构成要素

A和B是"工程特性"相关的工程。A类工程包括使用对环境负荷高的燃料以及使用新技术增加环境影响的工程。B

类包括将一个项目分为几个施工区域施工等。

C—E 是与"地域特性"相关的工程。C 类为涉及易受环境影响的区域。其至少包括以下三种区域：① 污染物质容易滞留地域，例如向封闭性高的水域排入水质污染物；② 医院、学校、住宅区等特别需要注意环境的生活区；③ 自然林，湿地平原、沼泽、滩涂、珊瑚礁、自然海岸等，是野生生物重要的生息、生育的场所，这些环境受人为改变的程度应尽量小。

D 类是受"保护"的地区，是依据法律直接或间接以环境保护为目的所指定的地域。例如削减 COD 总量的地区、自然公园、鸟兽保护区，这些区域都受保护，可以成为判定影响环境的根据。

E 类是指环境本身"恶劣"的地区。在数值超过环境基准或是有可能超出的地域，实施对环境可能造成影响的行为就会被列为施行环境影响评估的对象。

在判定工程是否需实施环境影响评估时，工程责任人不一定有义务进行环境调查，主管部门也不一定有义务进行实地调查。因此就通过文献或其他可搜集的资料尽可能理性判断。例如，在滩涂、沼泽、珊瑚礁等分布区域，利用《自然环境保护基础调查》这样的全国性数据进行预测。今后，这些数据也实时更新，信息也会归纳总结，这在环境影响评估制度上也是一个重要的环节。

另外，都道府县拥有丰富的当地环境信息，这对于客观判定工程是否需要环评也是不可缺少的。因此，依据上面的 5 个判断基准，如果能够及时收集都道府县当地具体的环境信息，就能够实时、恰当地判定工程是否适用环境影响评估制度。

2. 制定"环境影响评估方法书"（决定评估细则）

决定评估细则，要适当考虑环评对象工程的特性及地域特性，以进行合适的环境影响评估。

迄今为止，只是在调查地域概况的基础上，选定有必要进行调查、预测、评估的环境项目，可以说只是在法律上有所规定，工程责任人之外其他方也必须参加。可是，通过这次导入决定评估细则这个工作流程，在早期阶段就可以开始实施《环评法》，可以有的放矢、高效地实施预测评估，防止工程延迟，促进居民对相关方面的理解。期待实施评估，能够促进有关更好的环境保护措施的讨论。

另外，基于法律手续，工程责任人要制定有关环境影响评估项目和调查等手法的"方法书"，向都道府县、市镇村长、居民以及其他方征求有关环境保护方面的意见，在研讨这些内容的基础上选定具体的项目和手法。在制定"方法书"的同时，也可以进行实地调查。通过实地调查得到新信息，来修正"方法书"。

全国统一规定项目和手法，就有可能忽视了地域特性及工程特性的多样性，忽视当地重要的环境课题。为了防止这种情况出现，导入了开放性的评估细则手续。促进更多方参与，呼吁社会上的关注，有利于整理要点，制定简单易懂的"方法书"。

环境影响评估准备书以后的工作流程

实施调查、预测、评估之后，将其结果总结成"准备书"，之后的工作流程还分 3 个阶段。

1. 制作"准备书"阶段

工程责任人通过制作"方法书"得到了很多环境信息，依据这些信息，选定环境影响评估的项目和手法，实施环境影响的调查、预测、评估手续，研讨环境保护对策，并总结成"准备书"。首先要公示"准备书"；其次，和制作"方法书"的工作流程相同，向都道府县、市镇村长、居民以及其他方征求有关环保方面的意见。实施时，工程责任人有义务召开说明会。

"准备书"内应包括以下内容：在制作"方法书"阶段所得的一部分意见；对这部分意见再次征求工程责任人所得的意见；每个选定项目的调查、预测、评估的结果；预测的误差（不准确性）；研讨环境保护措施的经过；开工后的调查（事后调查）等；实施环境影响评估方的名称等等。

以前的"准备书"里面总结了调查、预测、评估各项的结论，我们如果想看一个项目的环境影响评估结论，由于调查、环境预测、评估是分别记录的，所以很难将资料前后联系起来作参考。另外，有的评估项目是依据调查结果直接进行评估，预测和评估都混同在一起。当然，也有一部分"准备书"按照每个项目进行合理总结。也正是因为有这样的前情，这次的"准备书"要求按照各个项目总结调查结果，综合进行评估，项目之间的横向关联也能一目了然。

另外，制作摘要书也很重要。为了解决内容过于专业难懂，难以在短期内论述整体内容等问题，必须努力使摘要书内容深入浅出，容易理解。

2. 制作"评估书"的工作流程

工程负责人完成"准备书"后，按照需要追加调查，在"准备书"上记载其研讨事项，最后总结成为"评估书"。这个"评估书"要交付主管部门按照《环评法》法律程序接受审查。同时，"评估书"的复印件也必须交付环境厅厅长征求意见。

在《阁议环评纲要》里，只有在主管部长有要求的情况下，环境厅厅长才可以提出意见。而在《环评法》里，政府部门作为监管第三方，必须在环境厅的各个办事流程中参与。

主管部门需对工程责任人提出环境保护方面的建议，环境厅厅长提出建议时也必须予以考虑。

工程责任人根据主管部门提出的建议，重新研讨"评估书"，按需追加调查、修正内容、重新制定"评估书"。通过这些工作流程，最后定稿，实施环境影响评估的结果和各种意见全部记录在修改后的"评估书"里。

3. "评估书"公示之后

如果环境影响评估的结论不能如实地反映在正在实施的工程项目当中，或者项目实施时没有能够充分地考虑到环境保护的因素，那么实施环境影响评估就没有任何意义。另外，实施环境影响评估其根本意义在于工程责任人自觉调控，整体把握环境的改变。因此，《环评法》里并没有特别规定惩罚制度，仅规定"工程负责人必须按照'评估书'记载事项，施工时恰当地考虑到环境保护问题"，促使工程负责人自觉对社会负责。

在项目开工之前，国家会颁发开发许可证。颁发许可的主管部门，依据修改后的"评估书"内容和国家意见，审查该项目是否考虑到环境保护，判断是否可以颁发开发许可证。这项规定一般称之为"横向条例"，即使不被要求审查环境保护相关内容，也可以按照此"横向条例"进行审查，判断是否考虑到环境保护，最后的判定结果具有法律效力。若"评估书"记载的环境保护措施、事后调查等没有及时实施，就会判定其为不合格，不颁发许可证。可见项目开发真正开始施工是有条件的。

此外，"评估书"公示的工程项目以及本法实施前已经得到开工审批的项目，由于长期没有开工等原因，工程负责人判断有必要进行环境影响评估时，也可以依据本法实施环境影响评估。

4. 当地居民参与

当地居民参与的机会增加到两次，分别在制作"方法书"和制作"准备书"这两个阶段。

另外，关于居民可参与的地区范围没有特别限制。在以前，有可能对环境造成严重影响的区域才被认定为相关区域，只有相关区域内的居民才能参与表决意见。这次的《环评法》规定，只要对环境保护有建设性意见，任何人都可以参与。为了更好地保护环境，有益于环境的信息，除了该地区的环境信息，还应包括类似的事例、环境保护措施等信息。也可以借鉴国外的经验。但也必须是环境保护相关的意见和建议，无关的内容不借鉴。我们期待凭借这些更具体的环境信息，居民和工程负责人之间能进行更充分的交流。

同地方自治体制度之间的关系

《环评法》成立以后，各地方自治体也积极地行动起来，将地方性纲要等转变成法规。《环评法》并不是网罗了日本环境影响评估的全部情况，地方法律性条例依据各地方自治体的实情制定。

另外，对同一个工程项目重复实施《环评法》和地方法规，对于工程责任人来说加重了负担，原则上按照法律合二为一实施即可。因此，按照本法细则为实施目标的第二种工程项目，以及对应的环评对象工程，只要不违反本法规定，在一定范围内可以规定具体条例。原则上可以具体实施如下操作：在地方自治体归纳总结意见期间，召开审查会审查，举行公开听证会听取建议。对于《环评法》的实施对象外的工程项目或内容，也可以尊重本法的宗旨，依据地方自治体独立的判断，确定实施细则。

法律实施时期和过渡时期措施

《环评法》从 1999 年 6 月 12 日开始实施。从这一天起，按照《阁议环评纲要》、《部议环评纲要》、法规等推进各项手续的工程项目，都适用于《环评法》，哪怕各项手续处理到一半，也都要移到《环评法》的法律程序。

在转移到《环评法》程序之际，根据原先的手续材料进行到何种阶段，指定过渡到《环评法》法律手续上的某一个工作流程。1998年6月12日官方发布了告示，如表3所示，原先的手续按照进行的程度对应到《环评法》的9个阶段。

表3 移转过渡措施的区分

指 定 材 料	等 同 材 料
① 记载环境影响评估项目的材料，交付相关地方公共团体负责人，已经完成传阅等征求其他第三方意见工作流程。（1号材料）	完成《环评法》第7条公告、传阅工作流程的"方法书"。
② 记载对1号材料环境保护方面的意见和建议概要的材料。已经提交相关地方公共团体负责人。（2号材料）	完成《环评法》第9条工作流程，已提交地方公共团体的意见书概要。
③ 相关地方公共团体负责人对1号提交材料所批复的意见。（3号材料）	《环评法》第10条第1项要求材料（知事批复意见）。
④ 关于环境影响评估结果，为了征求环境保护方面的一般意见而制作的材料，依据第16条公告和传阅以及第17条第1项或第4项后半条规定，已完成相当于公示的工作流程。（4号材料）	完成《环评法》第16条（公告、传阅），第17条（说明会）工作流程的准备书。
⑤ 记载对4号材料环境保护方面的意见和建议概要的材料。已经提交相关地方公共团体负责人。（5号材料）	完成《环评法》第19条（提交地方公共团体）工作流程的意见书概要。
⑥ 相关地方公共团体负责人对5号提交材料所批复的意见。（6号材料）	《环评法》第20条第1项要求材料（知事批复意见）

指　定　材　料	等　同　材　料
⑦ 得到 6 号的批复后，研讨 4 号的记载事项细则，记载其结论的材料。（7 号材料）	《环评法》第 21 条第 2 项（补充订正前）的"评估书"
⑧ 特设相关行政机关参与讨论，并且考虑采纳其建议，研讨 4 号及 7 号材料的记载事项细则，记载其结论的材料。（8 号材料）	《环评法》第 26 条第 2 项（补充订正后）的"评估书"
⑨ 完成相当于第 27 条公告公示的工作流程。（9 号材料）	评估书，完成《环评法》第 27 条（公告、传阅）工作流程。

需要补充说明一下，本法公布以前，在制作"方法书"的工作流程上，大多没有具体指定过渡对应阶段的方针，在施行项目及手法的选定指针以后，可以自主开始制作"方法书"的工作流程。

另外，法律正式实施以前，拿到施工许可证的工程项目不适用本法，除了长期未开工等特殊情况，工程责任人可以自主选择是否执行《环评法》手续。

（四）有关环境影响评估实际操作的指导方针同基本事项之间的关系

依据《环评法》，关于如何实施环境影响评估，政府还颁布了"项目及手法的选定指针"和"环境保护措施指针"。这些指导方针由精通各个工程项目内容的主管部门制定，为确保其保持一定的水准，环境厅制定了实施的基本办法。

这里的"基本性事项"相当于制定指导方针的指导方针，可以确保环境影响评估实际操作的最低标准。因此，必须以环境影响评估的科学性观点为基础，反复斟酌。

在这次《环境影响评估法》颁布之际，设立了"关于环境影响评估基本性事项的技术研讨委员会"（委员长：中西弘，山口大学名誉教授），由12位经验丰富的专家组成。并且，委员会广泛地征求了一般居民的意见，推进了研讨进程。委员会也规定，今后每5年检查一次环境影响评估的实施状况和基本性事项，并公示其检查结果。按需以科学的观点为基础重新研讨本法。

决定项目及手法

工程负责人要研讨如何进行环境影响评估，不但要依据在制作"方法书"阶段收集的环境信息，也要充分考虑到工程特性和地域特性。

而"项目及手法的选定指针"，正是依托于此背景，详细记述了选定时应收集的信息内容、选定顺序、如何选定项目或手法、选定时应参考的标准项目及手法。

1. 环境影响评估所涉及项目的范围

所涉及项目的范围如图4所示。在《阁议环评纲要》中，目标范围定为典型的7类公害和自然环境的5大要素。导入《环境基本法》的宗旨后，将"环境保护"的对象纳入实施环境影响评估的范围。

现行阁议评估	环评法
Ⅰ公害的防止	Ⅰ保持环境自然构成要素的良好状态
○大气污染	◎大气环境
○水质污浊	○大气质量
○土壤污染	○噪音
○噪音	○震动
○震动	○恶臭
○地盘下沉	○其他
○恶臭	◎水环境
Ⅱ自然环境的保护	○水质
○地形、地质	○底质
○植物	○地下水
○动物	○其他
○景观	◎土壤环境、其他环境
○野外娱乐场地	○地形、地质

其 他	
• 低周波空气振动	○地盘
• 生态类	○土壤
• 绿地 • 林地	○其他
• 阻碍日照	Ⅱ确保生物多样性以及保护自然环境体系
• 信号障碍	◎植物
• 气象	◎动物
• 水相、水文等 • 风灾	◎生态系统
• 废弃物	Ⅲ人与自然的充分接触
• 史迹等文化财产	◎景观
• 社区设施	◎接触自然的场所
• 安全（交通、危险物、灾害）	Ⅳ给环境造成的负荷
• 国土保全	○废弃物等
• 土地利用 • 地区人口	○温室气体等

图 4　环境要素的范围

在新的《环评法》里，划分为《环境基本法》第 14 条的各项（Ⅰ、Ⅱ、Ⅲ）和"给环境造成的负荷"（Ⅳ）这四类。

（1）在第Ⅰ类"保持环境自然构成要素的良好状态"里，自然构成要素主要由大气环境、水环境等环境构成。在这里，除了一直以来作为公害课题涉及的 7 个典型问题，还包含了自然环境的主要构成要素"地形、地质"。另外，在水环境的类别里，还包括了水量、潮流的变化等。

（2）在第Ⅱ类"确保生物多样性以及保护自然环境体系"里，除了"植物"、"动物"，还新加了"生态系统"。这是因为考虑到要在"基因"、"种子"、"生态系统"的各个阶段确保生物的多样性，而且保护自然环境也必须系统地整理整个自然环境。

（3）第Ⅲ类"人与自然的充分接触"，由"景观"和"接触自然的场所"这两项构成。跟《阁议环评纲要》的"景观"、"野外娱乐场所"相比，其范围有所扩大。

（4）在第Ⅳ类"给环境造成的负荷"里，以上 3 个分类都相互关联，广泛涉及，可以说是全球性的问题。每个工程项目的负责人都要努力降低"给环境造成负荷"的产生量和使用量，所以特别列出这一类别。具体又包括废弃物、建筑垃圾、温室气体、砍伐热带林木等。

2. 决定项目及手法的顺序

首先，在项目施工、投入使用期间，对环境所产生的具体的影响要因都要整理清楚。对于这些有可能造成影响的环境要素，根据"方法书"要求和地域概况调查取得信息，决定预测评估环境影响的项目。对于所决定的项目，依据项目特性、环境影响的重大性、相关地域的信息，按标准选定预测评估最合适的手法。

所谓"标准"，是工程负责人实施环境影响评估的出发点。必须注意，"标准"不等同于结论。所选定的项目或手法，应该有所依据。工程责任人也必须能充分说明理由。期待各地区按当地实际情况实施最有效的环境影响评估。

需要补充一点，所选定的项目、手法，至少要到总结制作"准备书"阶段才能最后确定。这是因为要考虑到有时候在调查的过程中发现了新的情况，不得不变更或追加项目、手法，比如发现了意外的动植物物种，必须要适当地斟酌修改。

3. 调查、预测、评估的手法

按照环境要素的 4 个分类，如何进行基本的调查、预测、评估，如表 4 所示。在指导方针中，除此之外，还明确了调查、预测、评估手法应具备的内容和选定时的注意事项。

表 4　按照环境要素 4 个分类进行基本调查、预测、评估
＊根据基本事项编辑

保持环境自然构成要素的良好状态	明确《环境基本法》第 14 条第 1 号规定的事项，把握与本选定项目相关的环境要素，包括污染物质的浓度等，通过其他指标测定该环境要素的污染程度以及其扩散状况，或者该环境要素的状态变化（包括构成要素本身量的变化）程度以及其扩散状况，明确其对人体健康、生活环境及自然环境的影响。

确保生物多样性以及保护自然环境体系	明确《环境基本法》第 14 条第 2 号规定的以下项目： 1. "植物""动物"：关于陆生及水生动植物，通过调查其生息、生育的物种以及植被，抽选重要的物种，调查其分布、生息、生育状况及重要的群落分布状况；调查动物的群繁殖地等应关注的生息地的分布状况；掌握这些物种对环境的影响程度。 2. "生态系统"：关于有地域特征的"生态系统"，依据 1 的调查成果，概括性地把握生态系统的特性，根据这些特性，从生态系统的上位性、表现该生态系统特征的典型性，以及可作为特殊环境指标的特殊性这三个角度出发，选出多个应关注的生物物种，调查它们的生态、跟其他生物物种之间的联系，以及生息、生育环境状态，依据"方法书"，掌握其对环境的影响程度。
人与自然的充分接触	明确《环境基本法》第 14 条第 3 号规定的以下项目： 1. "景观"：关于眺望景观及景观资源，调查可眺望的景观的状态及景观资源的分布状况，把握对景观的影响程度。 2. "接触自然的场所"：关于野外娱乐场所及当地居民等日常接触自然的场所，调查这些设施及场地的状态，掌握对其影响程度。
给环境造成的负荷	依据《环境基本法》第 2 条第 2 项的地球环境保护项目，掌握环境影响中温室气体排放等给环境造成负荷的程度，掌握其他废弃物的排放等。

在调查手法中，要求整理应调查信息的种类、调查方法、调查地区、调查机关、调查时期等内容以及信息的出处；要求注意保护稀有物种；要求选择对环境影响小的调查方法。

关于预测手法，也明确规定了预测方法、预测地区、预测地点、预测目标时期以及预测的前提条件，将来环境状态的预测方法，如何研讨预测的误差等。

4. 关于海域生态系统

下面来阐述一下这次的《环评法》中新加的"生态系统"。

环境影响评估中，调查、预测对"生态系统"影响的手法还不完善。按照指导方针，工程责任人只要在当时依据科学观点选择最合适的方法即可，为了确保整体评估保持一定的水准，有必要明确规定标准手法。

表4所示的内容就是这些规定。通过这些规定，找到预测对"生态系统"影响的突破口。当然，这样也不能完全弄清对"生态系统"造成的影响，但由于是对各个物种或环境要素进行预测评估，因此在其关联中把握对总体影响的大方向，意义极为重大。期待今后进行更进一步的调查研究。

那么，我们要注意到，这次所规定的手法的关键在于如何选定关注点。

我们来看一下选定步骤，首先按地域特征划分出生态系统，按照每个生态系统来选择能作为指标的关注点。这些生态系统内，即使在地理的区域上有重复也无妨，也可以划分出大小不同的多个生态系统。例如，在海域范围，从藻类养殖场、滩涂等特别的地域单位，到洄游性生物这样的大范围地域单位等，按需设定各类地域单位。

按照每个生态系统单位，从上位性、典型性、特殊性的角度选出多个生物物种。研讨调查内容或预测的方法时不要忘记以小见大的前提，不仅要考虑所选的生物物种的影响，更要从对某个生物物种的影响看对整个生态系统的影响。

例如，在滩涂这个特定地域，我们来看一下鹬鸟、白鸰的生态系统。要尽可能地定量把握鹬鸟、白鸰利用滩涂的情况，可作为鸟食的生物的分布或数量，滩涂地质或支流河流状况，同其他滩涂的关系，同鸟巢的位置关系等等。要理清滩涂生态系统的特性，预测开发项目对环境的影响。

评估和环境保护措施——导入试评估机制

1. 评估角度

日本施行"评估"的主流为"绝对评估型"，工程责任人按照每个项目设定可达成的环境保护目标。因此，我们所用的"环境基准"的数值目标也被提前公示。以前没有公示其数值目标时，规定抽象的环境保护目标，定性地来确认是否达成目标（如表5，动植物例子）。

表5 现行《环评法》中所设定的与自然环境
相关的环境保护目标的例子

级别	价 值 内 容	环 保 目 标
A	国家级别的价值	努力保护该自然环境的构成要素
B	都道府县级别的价值	一定程度地保护该自然环境的构成要素
C	市町村级别的价值	努力减少对该自然环境构成要素的影响

《环评法》以"相对评估型"为基础，主要是明确工程项目负责人的责任，来规避、减少对环境的影响。这其实是一项环境影响评估的缓和措施，即所谓的导入"试评估机制"。如

表 6 所示，美国的 NEPA 中，对"试评估机制"进行了具体分类。《环评法》也引进了类似的理念。

在很多国家，已经采用了环境基准，它们的地方自治体也已经制定了目标，为了达成这些基准或目标，工程负责人的努力最为重要。为了规避、减少对环境的影响，实现这些目标，需要不断地进行研讨和实践。

表 6　美国的《国家环境政策法》（NEPA）中环境保护对策（试评估）的分类

	行　　为	定　　　　义
1	规避（Avoidance）	不实行或只实行开发行为的一部分，规避影响。
2	最小化（Minimization）	通过限制开发行为的程度或规模，使其影响最小化。
3	修正（Rectifying）	通过修复、再生，恢复遭受影响的环境，修正改良环境。
4	减轻/消失（Reducation/Elimination）	项目开发行为实施工程中，通过保护或维持管理环境，使其对环境所产生的影响减轻或消失。
5	补偿替代（Compensation）	通过置换或提供替代资源或环境，对遭受影响的环境进行补偿。

在实施环境影响评估过程中，通过规避、减少等对策，避免了对环境造成不好影响。在这种情况下，在"评估书"上注明"如果实施预定的工程开发项目，能够完全规避对环境造成的影响"。

另一方面，预测会造成一定的环境影响时，必须探讨环境保全措施，其探讨的内容、经过、结果都要在"评估书"上有所体现。例如，预测工程产生的污水会对藻类养殖场造成影响，为了规避、减少这些不好的影响，探讨最有效的环保措施，变更排水位置、变更污水的排放浓度、减少污水量等等。

可通过以下方法进行这些研讨。反复改善初始的工程计划，依次预测其效果（比较研讨不同时段的方案）；为了规避、减少对环境的不良影响，同时比较研讨其他方案的效果（比较研讨并行的方案）；通过导入最好的技术，最大程度规避、减少环境影响。

不管采用哪种方法，工程责任人都要简单易懂地阐述为了减少环境影响做了怎样的努力或研讨。迄今为止的"准备书"，大体被调查、预测的结论所占据。期待今后的准备书里能重点归纳如何研讨评估和环境保护措施等。

2. 研讨环境保护措施

研讨环境保护措施，首先，从研讨采取何种措施才能"规避、减少环境影响"开始。如果有项目不管怎样都会对环境有所影响时，应采取哪种"替代措施"。还要研讨如何实施"事后调查"，因为预测总会有一定的误差，环境影响有时也会比预测的更严重。

需要重申的是，"替代措施"绝不是一张随便拿来即用的免罪符，它的使用仅限于以下情况，即采取一定的环境保全措施，如配置设施、重新研讨构造等，进行充分的论证，如何才能将环境影响控制到最低。无论如何都会对环境造成一定的影响时，才开始研讨妥当的替代方案。我们一定要避免在评估当中不充分论证规避、减少环境影响的方案，就直接采取替代方案，造成滩涂、藻类养殖场减少等不良环境影响。

所研讨的环境保护措施应在工程负责人可实行范围内进行研讨论证。因没有一个合格线来具体要求，切勿给事业负责人带来过大的负担。

在研讨环境保护措施时，不但要研讨措施的内容或效果，还要研讨采取措施也不能避免的环境影响的程度，以及是否对其他环境要素产生新的影响。例如，在填海造田项目中，从保护海岸、河岸的角度出发，变更为近海人工堆积岛项目，要研讨论证该水域的闭锁性是否得到提高；掌握项目实施前的生态系统等的情况；预测环境影响的程度；是否采取了双方都满意的措施；发生其他性质的环境影响时，各项影响之间的关系又是怎样的。

关于替代补偿措施，在前述研讨论证的基础上，首先要确认是否已经无法采取措施规避、减少环境影响。其次，要明确所替代补偿的环境和项目开发前的环境两者之间的关系。要研讨论证补偿方式，是在开发前的环境相同位置补偿重建，还是在别的地点新建一个性质相同的环境；是部分补偿性建设，还是功能型补偿建设，都要按需要梳理清楚。这些也会成为今后测评补偿措施效果的目标或指标。因为至今为止，补偿措施还没有充分的实际经验，一般是同事后调查一起实施。

如果充分地考虑到必要性或妥当性，不但要补偿所失去的环境因素，还应该考虑在实施工程项目时适当创造性地改变环境。跟以前不同，不但进行环境改造复原，而且更要着眼于改善环境，在"准备书"中可以积极地提出要施行改良型环境开发。

需要补充一点，关于复原自然环境或是补偿措施中的物种问题，应当充分考虑论证其对于当地来说是否是外来物种。即使是同一物种，有时也会搅乱地域个体物种群。必须充分考虑到目的和地域特性，不能对当地的生态系统造成损害。

3. 研讨论证事后调查

因为预测总会有一定的误差，环境影响有时会比预测的更为严重。有时要一边把握好项目投入使用初期的环境状态，一边进行研讨论证进一步的环境保护措施。实施事后调查，并在"准备书"中总结研讨内容。

从环境影响评估的宗旨来看，在项目开工后，事后调查是出于补充预测误差等目的而特别实施的。这项事后调查的定位在条例里也没有改变。因此，我们要实施事后调查，就应该在条例的目的条款中，加上"实施事后调查"这一项。

例如，作为补偿措施，监视滩涂或藻类养殖场的建造状况，实施缓和措施，避免影响动物的繁殖等，监视的同时研讨实施状况。

总之，在事后调查阶段，研讨论证事后调查的项目或手法、应对事后调查结果的方针、公布调查结果的方法、如何继续工程项目或寻求公共监视的协作，并总结整理成"准备书"。

（五）战略性环境影响评估和港湾计划

这次制定的法律制度，规定在项目规划阶段就要定下实施环境影响评估的各个流程。在这一点上，国际社会通行的是规定个别项目的上位计划（Master Plan），以及在制定政策阶段实施战略性环境影响评估（Strategic Environmental Assessment — SEA）。

在日本，如何实行 SEA 还是今后的课题，目前能做到的是提前做好环境调查，包括调查一些有实际成效的港湾计划。

港湾计划作为上位计划阶段的环境影响评估，是《环评法》的特别实施目标，在法律流程中规定，从"准备书"阶段就开始实施《环评法》。这是因为在上位计划阶段，其地域范围已被提前规定好了。

（六）充实影响评估制度的基盘

为了充实环境影响评估制度，要逐项夯实支援本制度的基盘，如提供信息、加强技术支持、培养人才。

提供信息

规划信息系统，保障人们都能灵活利用有关环境影响评估的各种信息。期待将来能建成一个庞大的信息数据系统，只要有关环境影响评估的问题都能在信息数据系统里找到解决问题的线索。

所提供的信息包括国内外的制度、以往的范例、环境影响评估所需的环境信息、正在实行的环境影响评估流程等信息。

网络信息是任何人都可以获取的，可是并不是所有人都在灵活利用。因此，我们也在想方设法增加人们利用网络信息的机会。例如，考虑出版年报这样的印刷品，来提供环境影响相关的信息等。

加强技术支持

环境影响评估相关的技术，可以说是涵盖了环境相关的所有技术。另外，调查、预测、评估以及各种环境保护措施，特别是添加了新项目的生态系统等，在这些领域里的技术都有待加强。因此，要整体把握好每个环境领域的发展动向，同时要随时总结技术现状或课题。要求不间断地讨论研究如何提高技术。为了达到这一目的，必须要同许多研究者和专家等协作，在协作中得到的有益见解等，有望将来在信息提供系统中公开。

培养人才

从实际从事现场调查的人才，到整体把握环境影响评估的人才，都属于"人才"这个范畴。如何培养人才是一个重要课题，是确保环境影响评估结果具有信赖性的重要环节。无论是培养哪种层次的人才，都要求具备必要的知识和经验，付出脚踏实地的努力，这是一个长期性的课题。今后，还要尽可能地推进如下措施：同各种教育机关合作、整顿同现存的各种制度之间的关系、派遣人员到实际承担调查的顾问公司研修等等。

实施环境影响评估，并不是解决所有环境问题的万能神药，但不失为保护环境的有效手法之一。我们必须努力正确理解环境影响评估的理念，不要引起不必要的纠纷，尽量使所有涉及单位都能适当地参与进来。

二、发展中国家环境保护状况

（一）ODA 事业中环保情况

环境影响评估一般被称为 EIA（Environmental Impact Assessment），对判断需要详细讨论的开发项目进行调查、预测，设定环境保护目标，提出对策，避免或减轻对环境的影响。

新的港湾计划等大规模的基础设施开发项目，在订立计划阶段就要进行环境影响评估，环境影响评估的重要性也广为人知。ODA 事业，在 1985 年 OECD 基金会上通过了"有关援助开发项目及对开发进程进行环境影响评估的理事会劝告书"。在这之后，世界银行、美洲银行、亚洲开发银行等金融机构，听从上述的劝告，JICA（国际协力机构）规划了 EIA 的指导方针。现在 JICA 所进行的环境影响评估的工作流程如图 5 所示。在日本，OECD、JICA 等机构一方面规划环境保护的指导方针，另一方面施行一些预备措施，派遣先期调查团和正式调查团，调查大规模基础设施事业的基本规划，实行可能性调查。JICA 在 1992 年 7 月制作并发行了先期调查团用与正式调查团用的环境手册。之后，以大规模的开发计划为主，调查团都会在事前进行调查并在正式调查阶段参与调查。

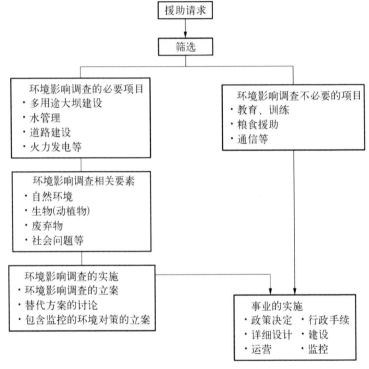

图 5　JICA 实施的环境影响评估的流程图（原科，1994）

（二）环境督察的主要视点

先期调查的重要性

在这个工作流程中，考虑实施开发计划对环境造成的影响，抽选认为重要的要点，并以此为基础，明确初期环境调查及环境影响评估应该调查的具体项目。为了与相关对应机关顺利签订协议，先期调查团首先设定调查项目，所设定的调查项目会反映在正式调查团环境保护的业务指导书里。因此，这一工作流程要慎重实施。另外，把握合作目标国家环境领域的法律体系，积极同对应目标机构及环境行政机关的负责人讨论并交换意见，在这一阶段，努力达成意见一致也很重要。在有限的时间内如何促进环境领域的相关人员参加先期调查也会成为实际操作上的课题。在某些国家，环境影响评估的实际业务仅限环境部等监督机关认可的大学或环境咨询公司来承担，因此，必须慎重地判断调查内容和环境影响评估的实力是否一致。

调查及评估

对于环境影响评估这一概念的理解，在很多情况下，日方和合作国家的意见并不统一。在先期调查与正式调查的各个阶段，都要努力做到顾全环境，实施细致的调查，与项目的内容、规模及地域特性保持一致。因此，依据迄今为止所实施的顾全环境具体事例，计划实施具有现实性的环境调查和环境影响评估。通常，环境影响评估中包括动植物调查，这就要求至少是四季或旱季雨季两季，持续一年以上的调查。可是实际情况却并非如此，即使是考虑到环境影响评估的时间及投入，在计划阶段实施环境影响评估，特别是在日本实施的环境影响评估，只有少数情况下才能实现。另一方面，也是因为很多项目不必进行正式的环境影响评估，只需实施初期环境调查就可以了。环境影响评估实施时，要同项目内容一致，合理地调查、预测和设定评估项目。

信息公开

在 EIA 实施之际，如何让相关居民能参与进来尤为重要。EIA 的主旨也在于信息公开。以最近的大规模开发项目居民参与为例来说，发展中国家的项目实施方在调查计划的实施可能性阶段，有时要在当地以村为单位召开居民说明会，说明项目的概要。在说明和答疑现场，项目实施方要对该项目实施的必要性及合理性进行明确的解释。

关于居民搬迁的处理

社会环境评估，尤其有关居民搬迁问题，在最近的各种开发项目中都是重要课题，但是目前对其重要性的认识还有待提高。

作为基本方针，要在计划立案时进行居民调查。对当地居民充分说明计划的主旨和内容，给予合法的补偿。因此，在这些基本应对居民搬迁的法律和制度还没有完善的情况下，首先必须确立和改善相关法律和制度。而且，能否很好地运用制度，事实上也决定了项目成功与否或环境保全效果的好坏。我们有必要立足于丰富的经验，确立完善的搬迁应对方针。作为实施主体的行政当局，在这方面也需要建立完善的搬迁应对制度，另外还要提高技术水平和协调能力。

和内陆开发不同，在沿岸区域实施开发计划，其计划目标的区域多被水面所覆盖。它的特征是几乎没有直接搬迁的目标，或者即使有也是少数。至今为止的实际状态调查都是以调查渔业的实际状态为中心，限于临海区域。但是，即使没有直接搬迁等利益关系，也不能无视开发计划对周边环境所造成的影响。除了在计划目标区域近旁做彻底的居民调查之外，在计划上也要照顾到配置可缓冲的绿地等，同时在每个阶段向居民充分解释说明。

对于不法占据者的处理方式也不一样。虽说是不法占据者，可是很多事例都告诉我们不能一味地强制搬迁。因为不法占据者属于社会弱势群体，每个国家的国情也各不相同。在做计划调查时要跟合作目标国家充分协调，慎重处理。有时因为不法占据者，不得不讨论更改开发计划。在菲律宾就曾发生过这样的案例。

菲律宾，八打雁港①开发计划案例

1. 计划内容

外贸用岸壁 1 Berth（延长 185 m，水深 10 m）

多目的用岸壁 1 Berth（延长 220 m，水深 10 m）

游艇用岸壁 6 Berth

日元借款额：约 58 亿日元

2. 本案转移问题的经过

| 1985 年 | JICA 进行开发调查 |
| 1988—1990 年 | E/S（详细设计）完成 |

---

① 英文名 BATANGAS，菲律宾商港。位于该国北部吕宋岛南端八打雁湾内，港市西南。——译者注

1991 年 3 月	OECF 贷款申请通过
1991 年—	居民搬迁交涉
1992 年 7 月	竞标（决定承包建筑公司）
1994 年 6 月	强制拆除房屋（约 1 500 家）
1994 年 6 月—	日本政府冻结合作协议
1994 年 12 月	日本政府同意继续履行合作协议

● 开发计划制订后，当地居民反而有所增加。（在做开发调查时并没有详细调查居民情况，所以事实上也不了解具体增加了多少人。）

● 基本补偿金只用在确保搬迁用地，除了规划搬迁用地，还对住宅进行了大额补偿，同其他公共事业相比，补偿过多。

● 但是，政府方规划的搬迁地距离港湾（居民日常生活工作区域）较远（约 7 km）等，居民们拒绝搬迁和接受补偿，交涉触礁。

● 政府最后采取终极手段，强制拆迁，导致居民数人受伤。日本的 NGO、新闻媒体、一部分国会议员强烈抗议，因此日本政府暂时冻结了合作协议。

● 菲律宾政府努力追加了一些举措（提供两台卡车式出租车，规划建设学校，免费提供三个月的大米，同时设置项目监管委员会。进而，优先雇用本地的建筑业施工，优先雇用当地居民参与港湾建设施工等），使居民生活能得到改善，同意搬迁的居民增多，最终日本政府同意继续履行合作协议。

3. 课题

● 如何理解当地居民的意愿；

● 制订计划时对社会环境问题要进行彻底的现状调查；

● 确立居民参与的方式，召开居民说明会，征求居民意见；

● 项目开发方负责人要有热情，要勤勉；

● 如何应对新闻媒体。

（三）环境项目的课题

1. 水质污染

沿岸区域水质污染，主要是生活以及工厂排水造成的，对环境影响很大。在城市的沿岸区域，有多处水质数值严重超标，早已不符合环境保护的标准。沿岸开发项目本身就要有水质对策，不但如此，在制订开发计划时还要积极考虑如何在保全和改善水质的基础上，规划基础设施。在沿岸开发项目中，不但要考虑到由于建造设施等导致的水流变化，还要考虑在港湾区域内妥当计划建造净水设施，管理并运营这些设施，对船舶等所排的水油混合物做去油排污处理。

2. 大气污染

在沿岸区域，大气污染的主要源头是工厂和汽车。在沿岸开发项目中需要充分留意到以下几点：工业生产技能是否配置恰当；汽车交通量是否会超过既有道路的交通负荷量等。

3. 热带雨林

在从政策上判断有热带雨林开发可行性的地区，可以实施雨林开发。在雨林里设置一个木材工业囤积地，作为木材装卸基地，与建成的码头形成一个运输链，会对沿岸环境造成一定的影响。如果周边都是未开发区域，就必须特别留意，充分考虑到环境保护的因素。

4. 动植物

第一是包括水产资源的水生生物问题。沿岸规划项目必须慎重考虑位置选定，对水质、水流的影响等。另外，在制订计划期间就必须考虑到其施工期要避开鱼类的产卵期或卵/幼鱼的浮游期。

第二是红树林问题。红树林除了满足人类社会的需要，也为水产生物营养补给做出了巨大贡献。除此之外，我们还要考虑到红树林有保持水土，防止河岸、海岸地形遭侵蚀的重要作用。

第三，海滨和泥滩是鱼类、贝壳类重要的繁殖场所。因此必须充分考虑到开发项目对环境造成的影响。

第四，珊瑚礁被称为容易发生环境变化的生态系统，除此之外珊瑚礁还起到了很好的天然防波堤的作用，我们要注意保护珊瑚礁。

5. 废弃物

第一，随着沿岸区域开发，会从河床或海床挖掘出一部分湿泥沙。由于城市周边的生活排水和工厂排水对河岸或海岸已经造成了一定影响，所以这部分有害的水底泥沙要运到合适的场所处理。

第二，在沿岸区域，也要特别注意火力发电所、金属化学工业等产生的煤炭灰或污泥等固体废弃物。

第三，生活相关的废弃物。城市街道化进展迅速，很多情况下不能确保场地来处理这些废弃物。海域有时不得不作为这些废弃物的处理场，这时就要充分考虑防污染对策。

6. 社会问题

在沿岸开发项目中，有本地原住民、少数民族以及包括不法占据者的居民搬迁问题，还有历史遗迹、文化遗址的搬迁问题。涉及渔民的搬迁问题时，还要慎重考虑可代替的渔场，或搬迁后职业变动、住宅、文化环境等问题。

（四）环境保护现状

1. 可以预想发展中国家的沿岸区域开发今后会更加活跃。在开发项目的调查初始阶段，充分考虑开发计划的必要性和合理性是必不可少的环节。在开发之前，一定要实施充分的环境影响评估，避免、减轻环境破坏。

2. 发展中国家实施大规模开发项目，在制订计划阶段，实施的环境影响评估不但要调查自然环境，还要考虑到项目周边的社会环境。因为环境影响评估这一制度在这些发展中国家还没有深入人心，得以实施的事例还很少。但是，能否在开发计划的早期阶段实施环境影响评估，是能否顺利开发项目的分水岭。

3. 对于项目预定地区的居民们，开发方应该耐心细致地说明开发计划的必要性、妥当性以及对环境影响所采取的缓和措施。

4. 在自然环境领域实施调查、预测、评估当然是很重要的，社会环境领域里的环境影响评估体制在今后还有待完善和提高。在 JICA 的开发调查事业当中，一方面大力鼓励社会环境保护团员参与，一方面加强有关方面参加社会环境保护知识培训。

5. 在发展中国家开发大规模项目，实施环境影响评估，其评估结果包括社会环境调查的结论。这些结论都让我们明白，正因为开发对于短期的经济活动会造成一定的负面影响，所以实施起来尤为困难。因此，我们要充分认识到环境调查的重要性。在该项目的必要性和合理性都充分论证的情况下，要积极提供帮助使项目得以顺利实施。我们也希望今后能够确立和扩充有关制度，对包含居民搬迁补偿内容的环境对策，无偿提供资金，或有偿提供低息贷款。

（田中研一　胜田穗积）

第二节　环境影响评估的方法指南

在 20 世纪后半叶，日本的国土面貌随着经济的发展发生了巨大的变化。人口多聚集在沿岸区域，受居民生活影响，有机物和营养盐分通过河川和下水管道流入了海洋的内海湾和沿岸水域。因此，特别在封闭性高的内海湾里海水过度的富营养化，以夏季为中心，发生赤潮或者青潮现象，对鱼类和贝类造成严重影响，这也成为重大社会问题。另外，很多泥滩和浅水区被填埋造地，沿岸区域的生态系统的物质循环能力和生物生产机能下降。至今为止，开发的主要侧重点在于重视其经济功能，因此，忽视了水的环境机能（维持生态的价值）。在开发过的区域内，频繁发生社会"公害"问题，开发方和自然保护团体、居民、渔民等围绕"开发计划"多次发生对立冲突。近30年来，通过完善法律制度和开发防止公害技术，沿岸的环境逐渐发生了改变，"脏污、恶臭"等公害开始减少。但另一方面，从世界范围来看，环境问题仍是重要的社会问题。

在沿岸开发的同时，本应进行的"至今为止的环境影响评估（工作流程）"，在各个负责省厅、自治体等工作中，还是在"优先开发"的前提下开展工作的。因此，同居民、自然保护团体等不断地发生冲突，并且上升为社会问题，到今天也没有得到妥善解决。换言之，简单来说，以前的"环境影响评估"正是因为以"优先开发"、"优先各个负责省厅的权利"为指针，才完全忽视了地区的自然保护或景观、居民的健康问题以及生活环境问题等。最近随着沿岸的开发，长良川河口堰、藤前潮滩的垃圾填埋处理场等都是环境问题社会问题化的典型事例，这些环境问题都是由于环境影响评估没有具体的方法指南造成的。总之，人类对环境加了某种外力的情况下，其生态系统（环境）就会发生某种改变。我们至今还没有充分考虑到预测其变化的具体操作方法，项目开发方也没有制作过类似的手册。

《生物多样性公约》是一项保护地球生物资源的国际性公约，于1992年在联合国环境与发展大会上签署。日本也于1993年签署了该公约，并且将此公约作为国家战略，力求保护生物的多样性，做到可持续利用，实施环境影响评估，重视国际合作（大森，1997）。与此相关，在同年制定了《环境基本法》，比此法更具体的法案——《环境影响评估制度（环评法案）》也从1999年开始实施。但是，从海洋生态学研究角度看当今的现状，虽说在日本制定了《环评法》的法案，但是国家沿岸的环境研究却没有什么进展，最重要的是还没有从科学技术上完成"对生态系统的充分评估"。另外，在行政上，也没有充分认识到其必要性，没有研讨生态系统评估的具体方法。今后我们要施行的环评法 EIA 是为了在21世纪能够实现可持续发展的目标，除了必须解决以前的"环境影响评估"方法所遗留的课题之外，还要有效地改革，导入生态循环体系，并且，贯彻不排放有害物质的方针，普及有效生态循环体制。在这里，我们根据以往的经验，为了更客观、更科学地实施环境影响评估，从海洋生态学观点总结 EIA 的操作顺序和具体方法，编写了这本《EIA 的方法指南》。

一、海洋环境问题的形势

日本近年来的环境问题可以说是伴随着 20 世纪 60 年代的经济高度增长而来的，导致自然遭到不同程度破坏，引发了"公害问题"，其结果是给人类健康造成了重大的影响。1960 年代后半期，在大学里连续新开了与环境相关的讲座，培养这方面的人才。之后，在民间成立了调查研究环境的公司。之后历经 30 年至 1990 年代为止，"水循环、堆积物环境、大气环境等"现状终于得到了有效的缓解。但是，并不是所有的大气污染、水质污浊问题全部得到解决。在沿岸地区，各个地区一般性的有效的环境对策积累不多，如污染物质、环境的种种变动原因和其变动程度等都积累不足。现状是每处沿岸环境都能对应的科学性对策非常少（石川，1993；日本海洋学会，1994）。并且，更加亟待解决的课题是体制不完善，不能有效地利用这些少数的科学性对策和经验，不能善用为数不多的专业人才。

另一方面，近年来以亚洲为中心，世界上的发展中国家工业化进程日新月异，经济发展迅速。但是，同日本经历过的环境问题一样，在这些国家开发项目不单单是对大气、水质等自然环境造成污染，有时也会对人体造成严重的影响。1970 年代后半叶开始，地球环境问题成为国际问题，不仅发达国家高峰会谈或国际联盟会议上重视环境问题，为了解决沿岸的环境问题，日本同发展中国家之间的技术合作也成为重要的国际性课题。

在日本国内，国民之间开始意识到开发时有必要考虑到自然保护和自然价值，也意识到自然环境具有多样性的价值。因此，近年来的开发计划多是打着"环境创造、善待环境、恢复原生态、减轻环境负担"的口号。具体是指开发时导入新的工程方法，设法保存生态系统的一部分功能，作为实施《环评法》的一个环节。虽然还有不足之处，落后于欧洲和美国大约20年，但最终还是在1997年的国会上通过了环境影响评估制度（环评法案），于1999年6月1日起正式施行。在施行本法之际，为了在开发时尽量不给自然造成伤害，现在各方正在研讨对策技术，重新制定具体的实施办法。

关于新的环境影响评估制度（《环评法》），政府已经从各个观点公示了很多资料（原科，1994；黑川，1998）。今后我们实施这一制度，要考虑选定目标项目、选定调查项目，以《环评法》为依据，将对生态系统的评估纳入环境影响评估法律范围内。这些也是新的环境影响评估制度的特点。与以前的制度比较，可以说是更加考虑到了环境因素。

但是，我们虽说要实施"对生态系统的评估"，其中的"价值评估"又有很多种类的"价值"，如经济学上的、工学上的、生态学上的、水产方面的价值，甚至还有些景观难以进行价值判断。"价值"的判断基准又会因社会、个人、海域的不同而不同。将这一切按照全国整齐划一的标准来评估几乎是不可能的。因此，为了进行科学评估，还应该明确以下内容：首先，每个地区要有评估内容的优先顺序；其次，按照评估的流程完成哪个步骤才能实施"开发行为"，其代替方案如何。面向21世纪最大的课题就是，包括这样的沿岸海域在内的所有流域区域内，如何在搞活生态系统机能的同时，保全和修复这些机能。

1971年制定了有关水质污浊的环境基准，特别考量了封闭性的内海湾内有机物量的指标值，重新设定了COD指标。另外，为了设定生物指标和保护沿岸生态系统，研讨导入综合保护生态系统的指标。为了维持生物环境，使水底生物能够再生产或能够生息，设定夏季水底底层溶存氧浓度等。这些都是重要的"生态系统评估"的新观点（石川等，1993）。并且，在这里提出了综合指标，这个综合指标考虑到了河川的生物样态、景观、水色、气味等要因（小仓，1996）。另外也需要研讨综合指标，导入包括沿岸海域的生物样态、景观的内容。

在美国，从1983年就开始实行"积水水域研究"。所谓"积水水域"，是指河川流入海湾，形成一个积水水域。这个积水水域可以作为一个生态系统（Nishida，1998）。美国在进入1980年代之后，为了减少对生态系统的影响，导入了以下的环境影响评估方法，采用具体数值评估的方法。在湿地的环境影响评估中，为了将因开发对生态系统造成的影响控制在最小范围内，实施一系列减轻影响的方法，有HEP、HGM、

BEST、BRAT。如此一来，沿岸生态系统的环境影响评估的方法已经到了具体实践阶段。今后，在日本，必须尽早研讨和制定符合沿岸生态系统特征的评估方法指南。

二、有关实施 EIA 的生态学研究

（一）既有的"环境影响评估的课题"

至今为止，在沿岸海域所施行的"环境影响评估"调查，都是由项目方来计划、立案并实施的。国家或者自治体的负责部门的责任人，首先依据全国统一的评估内容（调查项目、方法、工作流程等）计划立案。然后，提前与相关部门或自治体的责任人商谈，并在相关负责部门审查该计划内容。几乎所有的调查内容都由责任人来企划（调查内容一部分会由承包方的调查公司决定），调查内容最后直接作成调查结果，通过这一简单流程，项目就能开始施工。

这样一来就会出现很多未解决的课题。由于开发方希望"推进开发计划，尽早将计划付诸实施"，还由于为了减轻开发方调查费用负担，开发方会自然而然地对环境影响评估的调查时间、调查内容等加以制约，很多情况下，最终会对调查结果造成重大影响。另外，调查结果一旦达到环境基准（例如：水质的 COD 测定值等），"开发计划"就会在委员会上通过，开发项目就可以开工。这样的环境影响评估不过是"工作流程上的、形式上的评估"。也正因如此，所实施的环境影响评估并没有充分解释说明"生态系统的构造和机能"。

委员会或审议会的成员们也没有起到应有的作用，没有承担应有的职责。

"环境影响评估"留下的课题如下：

1. 在行政上，通常评估一旦达到环境基准，"开发计划"就会被通过。至今为止，从立案调查计划开始，就没有充分地论证、研讨评估的具体方法，也没有为了评估环境影响，聚焦于"地域性，生态系统"的某一点立案调查。没有以地区的特性为前提，决定调查项目和调查、解析方法，没有明确哪种现象在该海域里是最重要的。

2. 没有大范围地征集"环境影响评估"专业委员的人选；没有形成成熟的体制，使专门委员能够在委员会或审议会上充分地、预见性地研讨和审议"环境评估"。

3. 没有充分公示项目的论证过程和调查结果等信息，因此也没有建成客观的评估体系，没能在对生态系统的影响评估中反映出地区特征。

(二) 环境影响的评估方法

以前在封闭性海域进行开发，也有一些对环境影响评估方法的提案。石川（1994）也指出，在考虑对环境做影响评估时，最重要的是依据科学的工作流程，制作评估方法指南。在制作指南时要考虑以下几点：

1. 为什么要做环境影响评估？

2. 依据什么做环境影响评估？

3. 其具体方法是什么?

在"开发"的必要性和"保护生态系统"之间，必须慎重考虑评估的顺序。必须考虑如何评估，或者怎样处理评估结果，作为补偿措施怎样减轻对环境的影响。

对于现在的"开发"项目，从海岸工学、沿岸海洋学、生态学、水产学、环境经济学等各个不同的背景，提出各自合适的评估项目和方法。今后，我们要一边参考海外的评估手法，一边要研究符合日本生态系统和地区特性的评估方法。因此，各领域的研究者们要尽早研究和论证观测，提前编制评估方法指南。

(三) 环境价值的多样性

对沿岸环境做影响评估之前，必须要考虑到环境的价值。在当今，水环境有多种价值，其价值也得到很高评价，越来越被广泛认知。可是，正是因为生态系统的价值呈多样性，所以很难同时评估。换言之，生态系统的价值对于社会、个人来说都是多次元的价值，不能机械地置换成一次元的价值。一般来说，水环境的价值如图6所示。水环境多样性的价值也应该广而告之，形成国民共识。

为了今后能顺利实施环境影响评估，编制方法指南，我们要认识到这些价值的可贵之处，设定应考虑的课题和评估方针。维持生态系统现状和研究管理、修复方法，是我们海洋研究者的职责所在，是我们肩负的重大使命。

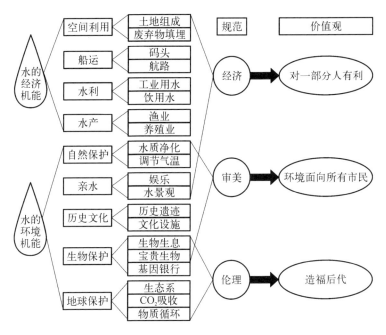

图6 水环境价值的多样性（原科，1994）

三、对生态系统的影响评估

（一）生态系统的课题

EIA 和生态学上的课题之间的关系如图 7 所示。制作 EIA 的方法指南，在时间和空间上各自对应不同评估基准，从环境经济学、工学、生态学方面都有一些研究成果。本来这些领域应该是联合在一起的。但是，直到近年来，这些学者们才开始在同一层面共同研究 EIA，所以现状仍然是三方面的研究仍未能统一。

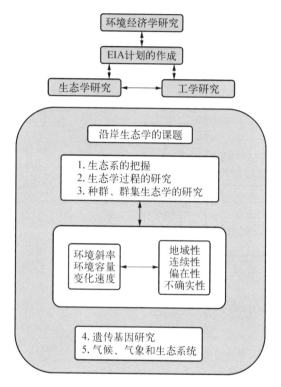

图 7　环境影响评估（EIA）和生态学的课题

　　本书中，我们只介绍一下对"生态系统的评估"中最重要的生态学方面的研究。首先，必须考虑 EIA 的目标地区的特性，从生态学角度展开研究。生态学上的课题包括：目标海域生态系统的地域性、现象的连续性、生物等的偏在性、现象的误差等。为了阐明这些课题，首先要把握海域的现象；要诊断生态系统的现状；要预测生态系统的未来。因此，为了制作 EIA 的方法指南，要考虑清楚生态学研究课题中的哪些是重要的。图 7 中的 1—5 所示的生态学课题中，今后逐渐会被重视的是"4. 遗传基因研究"，或者是"5. 气候、气象和生态系统"的问题。地区环境和地球规模的环境问题会导致气候、气象和生态系统发生改变。从紧急性和专业角度来看都是非常重要的课题。

为了顺利开展生态学研究，我们必须认识到海域生态学循环过程里有什么样的课题。简单来说生态学过程也有很多的课题，在这里我们从生态学基础观点，按照营养级别来看"生态系统的构造和机能"。其构成者是一次生产者、消费者，其构造的规模是群集、生态系统，这些研究课题如下所述（Valiela，1995）。

一次生产者

1. 一次生产者的种类和数量（尺寸、数量、种类、植物性浮游生物、水底生产者等）；

2. 生产物（有机物的组成、测定法）；

3. 对一次生产的影响因素（光、营养盐、水温、水底地质分布等）。

消费者

1. 个体群生态（成长、生存、再生产等）；

2. 消费者之间的生存竞争（竞争、数量、密度等）；

3. 对食饵量的反应，捕食行为；

4. 食饵的选择性（食饵的选择和感知、食饵的安定性等）；

5. 被消费能量的转移过程。

群集

1. 分营养级别的群集构造（水底生物群集、水柱群集构造）；

2. 分类学的构造（种类的多样性）；

3. 空间分布（连接状分布等分布论）；

4. 群集构造的构成和变迁；

5. 个体群体之间的相互作用。

生态系统

1. 氧循环（有机物的生产和移动）；

2. 营养盐循环（磷、氮、硫磺）；

3. 生态系统的季节变化；

4. 生态系统的长期、空间大规模变化（富营养化、有害物质污染、淡水流入和堆积物、气候变动等）。

EIA 主要是评估人类对环境的影响，其目的在于预测环境影响会对环境要素（地区性、周期性等）和环境带来怎样的变化。换言之，目的在于搞清楚上面所提示的生态系统循环过程中某个课题和环境影响之间的关系。

为了将对环境造成的影响控制在最小范围内，EIA 的基本工作是理清沿岸生态系统的机能和构造，并加以利用。换句话说，如果没有生态学方面的研究和积累，就很难实施环境影响评估。

（二）评估尺度和评估顺序

评估对环境造成的影响，重要的是重视上述的生态学循环过程中的某个课题，或者是课题之间的组合。而目标海域和造成影响的内容不同，其具体情况也会不同。另外，课题确定的情况下，这个课题的现状与历史都要了解清楚。一般来说，生态学上的研究方法顺序如下：1. 掌握海域现状；2. 诊断；3. 预测。

掌握海域现状

掌握海域现状，首先要估计自然条件下环境构成因子的变动幅度（Ishikawa，1996）。EIA 会预测环境构成要素对环境构成因子（生物、堆积区、海水、大气）造成的影响。换言之，自然条件下环境构成因子变动（时间和空间）的幅度上，又附加了人为行为的影响幅度，我们要评估这部分的变化幅度。因此在进行环境影响评估时，要提前了解自然条件下的变动幅度按时间顺序是怎样变化的，其变化程度又是怎样的。可是，一般说来，只要不是测定的项目中，在有限的时间和空间内，因填埋和有害物质等极端状况造成环境危害，其影响因子会淹没在自然变动的幅度里，并不明显。

我们现在考虑的环境影响的构成因子变化和变动幅度的认识方法如下所示。

环境构成因子：物理因子、化学因子。

环境因子、测定项目：水流、潮位、波浪等物理计算测量。

海水：水质分析项目（营养盐分、pH、DO、有机物量等）。

堆积物：水底地质分析项目（含水量、空隙率、有机物量、硫化物、粒子分布、堆积速度等）。

生物因子、生物量：构成物种、个体数量、重量、体积、含氧量、含氮量、叶绿素等。

变化量：一次生产的速度、再生产速度、蓄积速度、物质循环速度等。

分布：物质和生物质量的偏差、多样性等。

表7　环境构成因子的价值尺度

主要评估目标	评估内容	价值尺度
水温、盐分	平均值和偏差，最大和最小	不超过季节变动、年变动的幅度
流动	平均值和偏差	看现状和预测结果的差距
水质	平均值和偏差	不超过季节变动、年变动的幅度
水底地质	平均值和偏差	不超过季节变动、年变动的幅度
生态系统	种群的变化、群集生态系统的变化	种群的动向，比较广域、狭域生态系统的作用（多样程度、类似程度、按营养级别的现存量和生产量）
优势物种、珍贵物种	生态系统和变化	引发环境构成倾斜程度和分布、生态系统变动的凶子和生物
有用的鱼类、贝类的生息	有用的程度	从地区特性研讨（捕鱼量、生产量等）

如上表所示，环境构成因子的价值有各种各样的尺度。环境影响评估的目标是掌握所有海域所有的价值尺度的变化量和变化幅度。这个目标在时间上、费用上都很难实现，有时候也是在做无用功。因此，重新考虑"怎样进行 EIA"，"为了减轻影响应按照什么步骤进行"。为了减少对环境的"不良影响"，

至少要灵活利用自然的自净能力，使生态系统恢复循环体系，即理解沿岸生态系统的机能和构造，必须将可循环的生态环境导入 EIA。

生态系统"诊断"

我们必须"诊断"受影响的目标海域中，生物和生态系统有什么样的现状。

生态系统的构成要素中，自古以来就有水质诊断方法，用来判断河川的水质和生物以及湖沼的营养贫富等。曾有些学者做了相关研究。例如，在日本的湖沼进行水质判断，将浮游生物、自游生物、水底动物的种类纳入其判断基准。对河川的水质判断，使用耐污浊的物种和不耐污浊的物种来判定河川的污浊等级（津田，1964）等。

近年来，还有很多研究成果。例如，用水底性动物指标将东京湾内部环境分成五个级别的环境等级（凤吕田，1985）；通过诊断防波堤的附着生物，利用其多样度，确立了对沿岸人工建造物的生态系统的自然度的判断基准（小笹等，1995）；将人工潮滩的环境保护度分成五个等级（木村等，1997）；将礁石的环境分成四个等级（今村榊，1998）等。

这样一来，诊断生态系统时，用环境保护度来表示生态系统现状的诊断基准是不准确的。换言之，每次实施环境影响评估都要按照个案来判断，按照项目场所生态系统的规模和特征、目标区域的生态系统和生物以往的数据精度和蓄积的程度来判断。在诊断生态系统时，如果能够按照时间顺序在"事前""事中""事后"分别诊断，就能够完成一个"对生态系统的环境影响评估"成功实例。因此，必须数年或者 10 年连续对评估目标项目视频监视。类似的成功评估案例如果能在日本沿岸的所有地区都能做到，以后再根据这些案例诊断环境现状，才是最理想的。积累环境调查等的数据，利用如 GIS (Geographic Information Systems) 等尽早诊断，进而，应该会对今后的环境管理设计起到作用（Lein，1997）。但是，在日本，以往的调查和观测的数据公示总是拖沓滞后，各个海域的数据管理体系还没有建成，因此我们还不能期望有更多的成果出现。

评估水平和预测

在诊断过环境、生态系统现状处于何种等级之后，EIA 还要判断"开发"给环境带来的"新影响"会导致环境发生何种变化。换言之，评估的正是人为对环境造成的影响，EIA 的目的在于预测这些"新影响"会给环境要素（地区性、连续性、不确实性）和环境构成因子带来何种变化。

在预测环境会发生某种程度改变时，应该提前企划、立案，征求当地居民和专家对于新的环境影响的意见。另外，依据环境调查后得到的数据，"诊断生态系统"现状之后，应该进入下一个工作流程。项目开发方和自治体再次征求当地居民和专家意见，向审议会递交审议案，议案内容是讨论将环境、生态系统定位在哪个级别，或者是采取何种措施使环境、生态系统定位在某个级别。

EIA 判定沿岸生态系统受影响的级别，一般要受以下因素影响，在目标区域内是否有测量仪和感知器等用来收集和把握科学数据，记录评估现象的发生经过（按照发生到显现的时间经过）。一般一种新的影响产生，首先反映在"物理性质"的现象变化上。其次，这种变化又会发生"化学因子"的改变，表现在水环境和堆积物环境的构成因子的变化上。进而，改变了"生物因子"，使生息的物种发生变化，表现在"生态系统的机能和构造"上的改变。这样，EIA 的实施顺序也应该按照这样的变化顺序。也就是从物理现象开始评估，接着评估其化学性质，再评估对生物、生态系统的影响。另一方面，也意味着评估逐渐复杂化。

EIA 的评估目标为生物时，历来都是依据有无珍贵物种和代表性生物物种、生物量和多样度指数等来评估。这样一来就不能立足于生息在某海域生物的具体生活历史来实施评估。另外，对低等生物（原核生物、浮游植物）实施评估时，都是采用现场提案方式，因此也留下了不少课题。比如，从一般生物生态系统到浮游生态系统都是用数值模板来进行评估的。到浮游生态系统为止，我们开发了平均场所数值模板，可是评估高等生物目标时，利用至今沿用的现场提案方式就会有一定的局限性。因为用此方式的生态系统模板，观测和调查所得数据函数会过于繁杂。因此，在对更高等的生物进行影响评估时，小田等（1997）曾尝试过"上意下达"的方式，将生物的生理和生态反应也纳入数值模板来进行实验。这样的实验方法在创建模板上还是很合适的。

因此，对环境影响，特别是高等生物的影响评估方法，在现阶段还是采用"上意下达"的方式比较有效。换言之，如果不能科学地、充分地选定项目和手法，确定影响评估的目的，就不能对生态系统的多样价值进行有自然科学意义的环境影响评估。

对沿岸生态系统进行环境影响评估，最终应该对生物（物种、群集）和生态系统进行评估。在这里最重要的是搞清楚目标海域的生态系统和生物的相关数据是如何积累、管理和研究的；积累、管理和研究这些数据到何种程度。这些在评估生态系统影响时对评估的质量和结果都有很大影响。

本文如表8所示，按照三个等级来评估对构成生态系统环境因子的影响。

A等级　事件影响会使物理、化学性质的环境因子及生息的生物的饵料等发生一定程度的变化，搞清楚这些变化是这一等级的任务。

B等级　通过搞清楚生息在本地的生物的生理、生态上的变化，来评估事件影响。

C等级　积累生物（物种、个体群、群集）的生理、生态上的知识，以此为前提，搞清楚这些知识和环境影响因子变化幅度之间的关系。由此也可以评估对于目标生物生息的哪个部分产生了何种影响。因此，有关生息在目标海域的生物的各种时间、空间知识都是必不可少的。

表 8　环境影响评估（EIA）等级和其评估内容

影响评估 （EIA）等级	评 估 内 容
A 等级 事件对环境 造成的影响	1. 评估物理性质的环境因子的变化和变动幅。 2. 评估化学性质的环境因子的变化和变动幅。 3. 评估影响生物生息条件的环境因子的变化和变动幅。
B 等级 一次性的、 短期的影响	4. 有些环境因子对有用或珍贵的生物物种的生息条件 　造成直接影响，评估这些环境因子的变化和变动幅。 5. 评估构成生态系统的物种的年龄构成、多样度等 　变化。
C 等级 二次性的、 长期的影响	6. 评估对生物的生理、生态、发生、再生产、迁移等 　的影响。 7. 评估对构成生态系统的物种的多样度和遗传级别的 　影响。 8. 评估对地区气候上的影响。

四、EIA 的视频监控系统

（一）性质和目的

视频监控的重要性无须再重复。在日本，沿岸区域的环境调查数据主要有气象数据、波浪、潮位数据、河川流入负荷量、淡水流入量、水质调查数据等。气象观测数据主要由气象台，河川流量和水位等数据由各河川工程事务所，潮位数据由海上保安厅的潮位观测所等国家机关和各自治体来收集。这些数据除了本来的收集目的之外，还有其他用途，如防灾对策和把握环境变化，并且，为将来创建和验证数值模板，起到了必不可少的作用。

日本在公开观测和调查数据、管理和精确利用数据上，落后于其他国家。要尽早确立"海洋观测与环境数据管理"制度，环境厅、气象厅、海上保安厅、通产省、建设省、运输省、厚生省、水产厅等国家机关和各个自治体机关应该通力合作，上下一体。

一般来说，对沿岸区域的环境实施视频监控出于以下三个目的。

1. 为了把握环境构成因子变动，实施视频监控（基准值视频监控）。例如实施气象、水质调查等所谓现状调查，定期、定点观测（包括全国统一的调查和观测）。观测对象为气象数据、水流、波浪、河川的流入负荷量、淡水流入量、水质、水底地质、浮游生物、水底生物、特定的有害化学物质等。

2. 因开发行为，在特定区域实施环境影响评估，定点、定时调查和观测视频监控。

3. 事后的视频监控。对环境的冲击影响发生后，通过视频监控，评估给生态系统带来怎样的变化。依据评估目的，实施短期或长期的视频监控。

（二）视频监控的顺序

为了实施 EIA，进行视频监控时，必须在事前明确评估目标、目的，考虑到课题的地区特性，"选定调查项目"和"确定课题"。关于环境视频监控的操作流程，中田（1998）引用了施佩勒贝格（1991）的例子，如图 8 所示，指出了明确视频监控目的的重要性。换言之，视频监控计划受到地区性、时间和空间规模的很大限制，如果不能明确其目的，就很难有效率地实施视频监控。

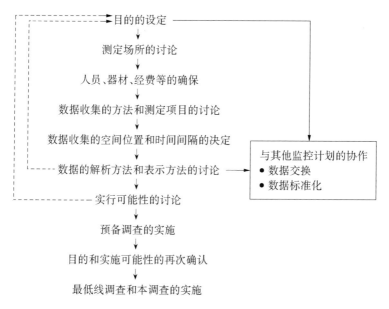

图 8   视频监控计划的概念性操作流程图（中田，1998）

在以往的"环境影响评估调查"中，我们要注意，如果不根据目标海域的特征设定测定的时间间隔和项目，这样的视频监控数据就有可能对以后的数据解析起不到作用。

我们在这里要论述的对"生态系统调查"的重要课题，主要是为了今后在实施视频监控的时候编制方法指南。其工作流程如下所示。

1. 整理目标地点以往的调查和研究成果，弄清运用怎样的方法阐明了什么样的课题。

2. 要在造成目标环境的影响要素和生态系统的构成因子中抽选、整理成为课题的现象。因为环境拥有多样性价值，因此要编制方法指南，推定预想的事件冲击影响会对多样的自然价值的哪部分造成影响。

例如，对环境造成影响冲击的行为和具有自然多样价值和地区特征的生态系统构成因子组合在一起成为一个有阶层性的巨大母体，我们要从这个母体当中抽选和确定课题。

3. 制作方法指南，上一步的抽选和确定课题之后，进一步缩小范围，确定要评估的生态系统和生物在何种时空规模上、以怎样的过程进行评估。

总之，只有整理好遭受影响的课题，之后才能为了弄清地区特性或目标事物现象，编制具体的视频监控的方法指南。

（三）选定视频监控的项目和 EIA 课题

1999 年开始施行环境影响评估制度，这次的法律有如下特点。一，是否实施《环评法》要从行政上选择甄别；二，实际实行环境影响评估时，要考虑地区特性，从行政上选定项目和手法。

因此，关于选定视频监控的项目和 EIA 课题，今后应该实施以下改革举措。

1. 充分考虑"生态学的地区性或时间、空间规模"，抽选课题。

决定地区性或生态系统课题的优先顺序，最重要的是要依据科学的方法。

2. 在研讨、组织、调查、准备和实行体制的企划立案阶段，制订详细计划。

在公开环境信息的前提下，考虑地区特性，编制立案方法指南，对客观评估尤为重要。因此，委员不但要从事业开发方选出，更要依据地区性、影响评估的内容和目的，广泛征集这方面的专家和有真知灼见的人才，谋求当地或相关学会的合作。审批机关召开的委员会和审议会要对将来的环境负责，因此应该取得社会上的一致意见。具体是实行改革，将会议和议事过程全部向社会公开等。

3. 考虑让居民参与进来。

要尽量收集当地居民的生态学方面的经验。有时会对评估的企划立案有很大的帮助，带来很好的效果。利用网络也是一个很好的途径。

4. 为了不对周边环境造成影响，考虑对策或替代方案。

科学地使用符合课题的工作流程和方法，制定对策或替代方案，尽量不对周边环境造成影响。因此，多利用一些提高效率的技术性手段（实验数值模板等），以弹性化和机能化运用新制度为目的。这些在提高环境影响评估内容的质量上都是很有必要的。

5. 活用数值试行模板

以往的环境影响评估，对环境评估目标实行的数值试行模板，一般都会成为最终的调查结果。这样一来就会留下很多待解的课题。如：数值模板实验究竟能够再现"现象"到何种程度；是否有"预测能力"；通过模板数据"如何理解和运用其有效性和局限性"等。所以，在今后的环境影响评估中，不应将计算结果直接作为最终结果，应该把 EIA 的计划和立案、影响预测、事后视频监控等都作为判断的一个手段，正确定位数值模板实验的手法。

在环境影响评估的企划和立案阶段做好数值模板实验是很重要的。利用数值模板实验，在每个目标海域，按照课题，分别设定各自的条件。换言之，利用既有的材料，在各种各样的计算条件下试算环境变化的程度。数值模板的利用形态按照其目的可以分为以下几种类型：阐明生态系统体制；视频监控计划；预测影响等。

6. 利用室内实验

为了使数值模板实验的结果更精确，利用现场数据是非常必要的。另外，室内实验也很重要。为了明确验证生物和物理的现象，通过室内实验等推定各种因子间的关系式等。其结果和关系式又可以用到数值模板实验当中。

依据上述的改革方案，视频监控和抽选课题的工作流程如下图所示。

1. 在抽选课题前，分析调查目标海域以往的研究和调查成果，充分检索相关实际事例。在事前搞清楚目标海域的生态系统和生物特征及其他重要课题（现象、循环过程、项目等）。

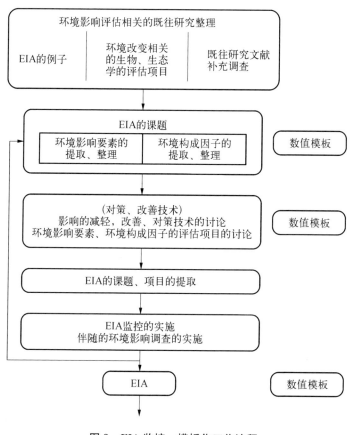

图 9 EIA 监控、模板化工作流程

2. 推测考察开发行为会对目标海域的生态系统循环过程的哪部分造成怎样的影响。整理和抽选 EIA 课题。收集在假设受到冲击影响的条件下有关生态系统的循环过程研究方面的预备性的知识，拟订观测、调查计划和室内实验计划。

3. 为了尽量减轻或避免开发行为对抽选出的环境要素和

现象造成不好的影响，利用先进的技术和科学知识，制定对策或替代方案。

4. 进一步确定课题，要尽量利用数值模板实验。

收集生态系统循环过程研究方面的预备性知识，为了搞清楚重要的循环过程，利用观测、调查计划、视频监控计划以及室内实验等多种方法。

5. 在目标海域信息不足或没有信息的情况下要进行事前调查，还要制订相关的视频监控计划。

五、针对 EIA 的建议

为了提高环境影响评估制度（《环评法》）的内容质量，本文从沿岸生态学的立场，论述了 EIA 的实施方法。笔者认为推行 EIA 应该重视以下几点内容。另外，虽然本文没有涉及，但今后也有必要从环境经济学的角度去评估，通过各个专家间的交流，制定更科学、更合理 EIA 方法指南和 SEA 的试行方案等。

（一）重新构建 EIA 的实施流程。

（二）请专家们按照时间和空间规模，科学地选定生物学上的、生态学上的课题。

（三）在编制 EIA 的方法指南时，提前策划，选择课题；在预测时利用数值模板，尽量利用室内实验。

（四）建立符合 EIA 目的的视频监控系统。

（五）环境调查数据是未来的资产，为了保存和利用好这些数据，完成公开和管理这些数据。

（六）利用网络来收集相关信息。

希望大家在今后推进的沿岸开发计划时，利用这些生态学上的研究手法和流程，为可持续开发尽绵薄之力。

第三节　数值模板的应用

一、数值模板的发展历程

沿岸海域首次实施水流和水质的数值模拟实验是在 1971 年，在这一年设定了《相关水质污浊的环境基准》。1974 年发布了《关于港湾计划基本事项规定基准的省级命令》。1981 年 8 月阁僚会议上通过了《环境影响评估纲要》。以这些文件的发布为契机，在环境影响评估里大大增加了实施水流和水质的数值模拟实验的机会。

数值模板的发展多依托于计算机技术的进步。近 25 年间，计算机技术日新月异。以科学计算用的计算机为例，在 1972 年，当时号称最快的计算机 CPU 运行速度为 1 M FLOPS，最新的并列型超级计算机 CPU 运行速度超过 1 T FLOPS，速度是过去的 100 万倍以上。数值计算可以用差分法计算，以往，在用于同一单层模板情况下，格子尺寸设定为 1/2 时，格子数为其 4 倍，time step 会变成 1/2，计算时间就是 $1/(1/2)^3 = 2^3 = 8$ 倍。现在假定同一模板、相同计算时间下利用最新、最快的计算机来计算，跟 1972 年的计算机相比，格子尺寸可以设定为1/100，能用更详细的计算格子来表现。打个比方，这相当于东京湾全域原来用 2 千米格子计算，现在可以用 20 米格子来计算。另外，在实际操作上，计算机的处理速度还可以应用于多方面，比如从单层模板到多层模板，从潮流模板到密度流、吹送流模板，从 COD 保存系模板到生态系统模板，从定常解模板到季节变动模板等。计算机处理速度并不只用在提高空间分解能力上。

计算机的发展对数值模板的精度提高起了不可或缺的作用，大体如下表所示。只是，在实际实施环境影响评估时，我们并不一定能够使用到计算速度最快的计算机。根据目标海域的特性或预测目的不同，所用的数值模板不尽相同。

表 9　计算机的发展和数值模板精度的提高

区　　分	精　度　提　高	计算机处理速度
水平格子	数千米 → 数百米或数十米	$10^3 — 10^6$
垂直格子	单层 → 多层	10^1
时间变动	定常解模板 → 季节变动	$10^1 — 10^2$
水流的模板	只考虑潮汐流 → 考虑密度流、吹送流	10^1
	考虑乱流过程	
水质模板	COD 保存系模板 → 富营养化模板	10^1
生态系统模板	低次元生态系统模板	10^1
	浮游系-水底底生系模板	

从表9还可以看出，计算机处理速度的提高大多利用并体现在提高空间分解能力上面。在沿岸海域实施环境影响评估，填埋或设置海上建造物会导致水流、水质产生一定变化，如何定量把握这些影响变化是个重要的课题。这也是因为对我们来说，如何高精度地表现出地形变化是一个非常重大的课题。

另一方面，要客观地表现出某一种现象，需付出很多努力。换言之，比如在考察水流时，不但要计算潮流（平均潮）模板，还要开发新模板，考虑到吹送流、密度流以及乱流，来计算水流数值模板。

考察水质数值模板，可以利用的模板，从保存系的盐分、COD模板开始，到考虑海域的富营养化的非保存系模板、以氮磷为指标的低次元生态系统模板、记述贫氧水块的模板以及浮游系、生态系统和结合了浮游系-水底底生系生态系统的模板等等。这些模板都能用来计算水质数值。另外，这些模板不能只采用单一季节或一年平均的数值，还要考虑到季节变动的因素。

二、数值模板的"现象（现实）"再现度

数值模板表现的只是一部分自然现象，并不等同于自然现象。图10表示模板化的概念。

将自然现象模板化时，我们所依据的仅限于已存在的知识和见解，凭借模板制作者或其小组的见解把现象单纯化或抽象化。因此，数值模板并不等同于自然现象。换言之，利用模板

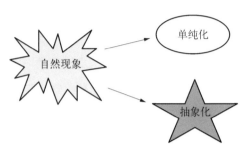

图 10　模板化的概念

所表现的自然现象只是依据其制作者的见解，表现的只不过是现象的一部分。可是，我们除了利用数值模板外，还没有其他预测未来数据的手段。因此，我们为了定量地预测未来的环境变化，要建立一个模板，抽出现在或将来成为问题点的主要环境变化要因，尽量多地收集这些环境要因的信息，记述这些环境要因的变化。另外，用这个模板所得的结论不能充分说明现象时，要考虑模板中有哪些不足之处、所用函数是否确切、是否多角度充分地研讨了观测数据、记述模板的使用局限性或课题。

　　一般来说，我们判断模板的妥当性，要比较实际测量的数据和计算结果。可是，其方法不一定是定量的评估，而几乎是定性的评估，以模板制作者的主观评估为中心。

　　因此，关于计算结果是否能够准确地再现现象，有很多争论。特别是在环境影响评估里，在评估模板的妥当性上面，"模板的再现性"成为重要的判断材料。在这里，关于"模板的再现性"有时并不很准确，其原因我们可以列举出以下几点：

（一）所用数值模板精度不足，不能充分地解释说明实际现象。

（二）设定的前提条件不合适。

（三）比较所用的实际测量数据不合适。

① 是指模板并不能忠实地表现实际现象，经常会出现一些"误差"。因此，考虑到预测目的，并尽量地按照目的利用最新模板。同时，组合利用多种模板，努力进一步解释说明现象。

② 是指淡水流入量、流入负荷量或用于计算的函数等不够准确。一般来说，淡水流入量、流入负荷量是靠实际测量或用原有单位来计算的，在实际测量方法上，由于时间和费用等问题，多是利用短期的测量数据，因此在观测值的时间代表性上存在一定问题；所用的原有单位方法也有精度问题。因此，目前，最好是先设定条件，并用实际测量法和原有单位法，尽量减小两者之间的差距。另外，计算中会用到许多函数，这些函数全部都靠观测或实验取得是不可能的。大多情况下，是采用一部分定式化的函数或设定一些已知的条件，变更函数值来计算，依据其再现性（恢复原来的现象）来决定数值计算。设定函数值，重视其再现性，应该避免设定数值超过以往的数据范围。不能再现时，要再次充分考量造成模板不足的制作过程或输入条件等其他原因。

③ 关于实际测量数据，前提一直都是"真实"的，所以很少引起争论。可是，在公共水域实施水质调查，测定频度至

多每月一次，所以观测值的时间代表性存在问题。特别是发生赤潮或青潮时，这期间的水流或水质会发生很大变动。因此，为了把握青潮等现象，要连续观测可测定的项目。关于不能进行连续观测的其他项目，要制订缜密的时间、空间计划，来把握这些现象。一般来说，数值模板依据输入条件不同而不同，但大多是计算目标海域的平均值，观测值也要充分把握目标海域的瞬间状况，其观测结果也需重点考察。

三、有效性和局限性

数值模板的有效性和局限性可以总结为下表。

表 10　数值模板的有效性和局限性

有　效　性	局　限　性
● 进行定量预测的唯一手法 ● 对应地形等条件变化，能够简单预测 ● 模板改良简单 ● 验证过程中能够理解现象的因果关系	● 由于科学见解的局限性，存在不准确性 ● 很难提前预想和设定将来的自然环境、社会环境条件 ● 在复杂的模板里很难验证函数的精度

在以往的环境影响评估里，数值模板存在一部分问题，有的是寄予了过高的期望，有的是批判过度。期待过高是因为数值计算是对未来唯一的定量预测手法，是评估的依据。批判过度是因为数值模板存在着科学见解局限性，因而导致"不准确性"，特别是对生态系统实施影响评估时，要求预测精度高，至今不能提供令人满意的数值。

对于数值模板的各种评估如下图所示，数值模板既有有效性的一面，又有局限性的一面。可是，期待过高会导致预测评估超过数值模板的极限。批判过度会导致要求预测评估超过现有科学知识的极限，从而也会阻碍数值模板的适当运用和发展。

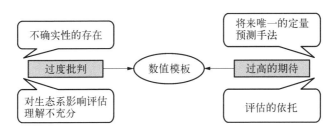

图 11　对数值模板的不同评价

数值模板不但具有上述 2 个评估的定量预测机能，还可以作为理解现象因果关系的一个有效手法。一般来说，环境现象具有一定的时间和空间范畴，只靠实地观测不能了解现象的全貌。特别是同陆地观测相比，在难以调查的沿岸海域观测，所得的有效结果很少。因此，利用数值模板，可以通过在观测上推定很难把握的空间上的详细分布和时间上的变化。如同重要的点在生态系统模板中也能看到一样，不但可以计算生态系统构成要素的各生物现存量的空间分布、时间变化等总数据量，还可以计算造成总数据量增减的各生态系统构成要素间的物质循环速度。换言之，就是可以计算物质流动量。通过把握生态系统模板中物质循环速度，可以理解生态系统的动态和各海域的特性。为了理解这些自然现象，利用数值模板非常重要。在今后的环境影响评估中，我们期望不但要积极活用预测评估机能，还要积极活用数值模板手法，用来补充实地观测。

四、课题和展望

目前，数值模板的一大问题是"数据不足"。"数据不足"对解析现象来说也是个重要课题。在日本的沿岸海洋环境调查中，连续测定的观测数据仅限于公共水域的水质测定数据，测定项目又以水质环境基准项目为中心，其频度也至多为一个月一次。伴随着大规模的项目开发，在实施的环境影响评估调查中要进行详细的环境调查。因为调查不具备连续性，只是一次性调查，所以即使想要在其他调查中活用这些数据，也会由于调查观测点、测定项目等缺乏整合性，而不能加以利用。

为了建立数值模板，第一步要解析以往的数据，理解目标海域的环境特性，决定应该体现哪些环境现象。第二步应该建立模板，设定模板必要的输入条件来进行计算。在设定条件的过程中，不但要凭借以往的资料，还要有现场的观测数据。可是，现在的情况是建立新的数值模板时很少有这些必要的数据包。第三步是验证计算结果。有时候由于同计算结果比较的观测数据少，不能充分地验证计算结果。特别是生态系统模板里能比较的以往数据更少，有时候验证必要的现存量或循环速度，都必须重新观测。

第二个问题是数值模板的"不准确性"。沿岸海域内实施环境影响评估，有必要建立一个模板，预测伴随着地形改变等

所造成的对水流、水质以及生态系统的影响。关于海流，适用
Navier - Stokes 方程。另外，如果可以提高以下这些方程式中
各项目的精度，那么预测精度也会大大提高。这些项目主要有
地形表现等水平分割、水深方向的垂直分割、用于预测的风向
或淡水流入量等输入条件、大气等热收支物理过程。

另一方面，水质、生态系统模板如下面（1）方程式所记
述，其状态变数 B 可以假定用移流——扩散方程式来表现。

（1）方程式

$$\partial/\partial T + U \cdot \nabla_h B + W \, \partial B/\partial Z$$

$$= D_h \nabla_h{}^2 B + D_w \, \partial^2 B/\partial Z^2 + (dB/dt)$$

在这个方程式中，B 表示水质或生态系统构成要素的现存
量，U、W 表示水流的水平、垂直成分，D_h、D_w 是水平、垂
直漩涡扩散系数。另外，（dB/dt）表示现存量 B 在生物化学
过程中的时间变化项目。通过实验或观测等所得经验固定化了
这些数值，其基盘也不明确。换言之，可以说生态系统模板和
水流模板相比精度较低。可是，在环境影响评估中，预测评估
生态系统是最重要的。我们也期待能够开发出精度高的生态系
统预测模板。因此，我们要增加利用模板评估各种生态系统的
事例，充分地重复验证生态系统模板的特征以及函数的精度、
适用界限等。

自 1999 年 6 月起全面施行《环境影响评估法》，这项法律
和以往施行的"环境影响评估纲要"在工作流程上有如下
不同。

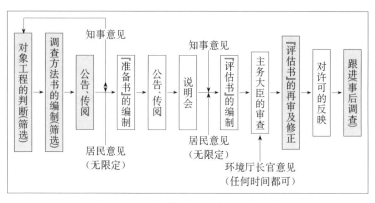

图 12　《环境影响评估法》工作流程

　　第一点是导入了选拔审查项目目标这一工作流程，判断《环评法》的环评对象工程。第二点是在制作"准备书"前要求制作调查"方法书"，关于《环评法》的调查内容和方法都要被公示。第三点是必须而且是有义务做事后调查。特别是制作调查"方法书"和事后调查这两点尤为重要。

　　换言之，通过导入制作调查"方法书"，今后在日本全国，利用同一数值模板来预测评估的情况少了，评估时多利用或开发聚焦于各海域不同的环境特性的模板。因此，我们期待提高数值模板的精度，开发新的方法。特别是以往适用事例较少的生态系统模板等，其适用界限或适用范围等问题点会显现出来。另外，在计划事后调查时，要在充分研讨的基础上，选定调查项目、调查地点、调查频度，我们期望所制定的事后调查方案能够提高预测评估手法精度。

　　最后，对数值模板发展来说最重要的课题是"人才培养"。

在日本，数值模板的研究者和技术人员人数还很少。其最大的原因在于大学里还不能够有体系地实施有关数值模板的教育。另外，虽然大学、研究机关、企业等社会上对这类的人才求贤若渴，但是有组织的研究还是很少，还停留在个人研究阶段。

数值模板的研究技术人员多少有些计算机技术（程序设计技术）倾向，对于数值模板的发展来说，重要的是要具有如下的素养：

- 关于沿岸海洋学的基础素养；
- 与物理、化学、生物相关的综合解析能力；
- 关于环境现象有直观理解能力；
- 正确解释计算结果的能力。

应用数值模板来预测评估目标环境现象，今后会进一步拓展，且更加复杂化，超过个人研究范围的多人共同研究将成为趋势和主流。我们期待今后开发出实用性更强、精度更高的数值模板。

（藏本武明）

参考文献

1·2

Annon. (1997)：Le patrimoine du Conservatoire du littoral. Conservatoire du littoral，pp8.

Catanzano，J. and O. Thebaud (1995)：Le littoral：Pour une approche de la regulation des conflits d'usage. Institut Oceanographique et JFREMER，Paris，pp. 149.

Chirac, J. (1995): Allocution de Jacques Chirac: XXe Anniversaire du Conservatorire de l'Espace Littoral et des Rivages Lacustres, Rivages Lacustres, Rivages 46 (Numero special vingtieme anniversaire), 6-9.

Giraud, A. (1991): Le regine juridique de l'amenagement et de la protection du littoral. en France. Amenagement du littoral 2. Masion Franco-Japonaise, Tokyo, 44p. (with Japanese translatiom by H. Hayashida)

Mamontoff, C. (1996): Evolution de la domanialite publique du littoral, in Le Littoral, L'Etat regulateur: droit domanial et strategie politiques ed. by F. Feral, C. Mamonotoff et O. Rouquan, Institut Oceanographique et IFREMER, Paris, 13-62pp.

Mesnard, A-H. (1995): Droit du littoral. in Droit Maritimes, Tome II, Droit du littoral, Droit Portuaire ed. by Ph. -J. Hess, J-P. Beurier, P. Cahumette, Y. Tassel, A. -H. Messnard et R. Rezenthel, Juris, Paris, 11-154 pp.

1・3

原科幸彦（1994）：環境アセスメント，NHK.

2

Bakker, C. (1994): Zooplankton species composition in the Oosterschelede (SW Netherlands) before, during and after the construction of a storm-surge barrier. *Hydrobiologia*, 282/283: 117-126.

Bakker, C. , P. M. J. Herman and M. Vink, (1994): A new trend in the development of the phytoplankton in the Oosterschelede (SW Netherlands) during and after the construction of a storm-surge barrier. *Hydrobiologia*, 282/283: 79-100.

Bakker, C. and M. Vink, (1994): Nutrient concentrations and planktonic diatom-flagellate relations in the Oosterschelede (SW Netherlands) during and after the construction of a storm-surge barrier. *Hydrobiologia*, 282/283: 101-116.

Bakker, C. and P. van Rijswijk, (1994): Zooplankton biomass in Oosterschelede (SW Netherlands) before, during and after the construction of a storm-surge barrier. *Hydrobiologia*, 282/283: 127 - 143.

Costanza, R., R. d'Arge, R. de Groot, S. Farber, M. Grasso, B. Hannon, K. Limburg, S. Naeen, R. V. O'Neill, J. Paruelo, R. G. Raskin, P. Sutton and M. van den Belt, (1997): The values of the world's ecosystem services and natural capital. *Nature*, 387, 253 - 260.

風呂田利夫 (1985): 東京湾千葉県内湾域の底生・付着生物の生息状況. V. 酸素欠乏に伴う底生動物相の衰退と海底環境指標動物, 千葉県臨海開発地域等に係わる動植物影響調査 XII, 123 - 132.

原科幸彦 (1994): 環境アセスメント, NHK.

石川公敏 (1993): 沿岸の環境アセスメントの現状と今後の海洋学的課題. 資源と環境, **2** (1), 33 - 49.

石川公敏 (1994): 閉鎖性海域の開発とその環境影響評価法. 化学工業, **1**, 87 - 94.

Ishikawa, K. (1996): Environmental Impacts and Biological Response in Coastal Waters. Int. Symp. *Techno-Ocean* '96, 23 - 28.

石川公敏 (1998): 21 世紀に向けた沿岸域における環境アセスメントの在り方と具体的手法. 第 18 回生態系工学研究会シンポジウム要旨集, 53 - 64.

石川公敏・松川康夫・和田 明 (1993): 東京湾の環境回復への提言. 沿岸海洋研究ノート, **28** (2), 170 - 173.

今村賢太郎・榊 美代子 (1998): 海岸生物による海域環境の簡易評価法. 第 32 回日本水環境学会講演予稿集, 130.

加藤憲二 (1994): 湖の物質代謝とバクテリア. 微生物の生態, **19**, 学会出版センター, 163 - 178.

木村賢史・土屋隆夫・稲森悠平・西村 修. 須藤隆一 (1997): 干潟・海浜・護岸に形成される自然生物膜による低汚濁海水の直接浄化. 用水と廃水, **39** (2), 82 - 89.

黒川陽一郎 (1998): 環境影響評価制度の推進について. 環境管理, **34**

(4)，1 - 13.

Lein，J. K.（1997）：Environmental Decision Making，Blackwell Science.

中田英昭（1998）：モニタリング計画手法．沿岸の環境圏（フジ・テク
ノシステム），382 - 898.

日本海洋学会（編）（1994）：海洋環境を考える，恒星社厚生
閣，pp. 193.

Nishida，J. （1998）：Chesapeak Bay：an example of environmental
management through governance with citizen participation，EMECS，
Symposium in Kobe.

小田一紀・石川公敏・城戸勝利・中村義治・矢持　進・田口浩一
（1997）：内湾の生物個体群動態モデルの開発．大阪湾の「ヨシエ
ビ」を例として，海岸工学講演会論文集，1196 - 1200.

小倉紀雄（1996）：水圏科学の最前線．環境研究，**100**，85 - 89.

大森　信（1997）：海洋と沿岸域の生物多様性の保全と持続可能な利用
に関する国際協議・「生物の多様性に関する条約」の展開，海洋
時報，**83**，34 - 43.

小笹博昭・村上和男・浅井　正・中瀬浩太・綿貫　啓・山本秀一
（1995）：多様度指数を用いた波高・港湾構造形式別の付着生物群
の評価．海岸工学論文集（**42**），1216 - 1220.

Spellerberg，I. F. （1991）：Monitoring Ecological Change，Cambridge
Univ. Press，181 - 196.

環境庁（1996）：世界の環境アセスメント，ぎょうせい.

新保裕美・坂東浩造（1997）：開発地域の環境価値評価手法とその適
用．鹿島技術研究所年報，**45**，177 - 182.

津田松苗（1964）：汚水生物学，北隆館.

吉村信吉（1937）：湖沼学，生物生産技術センター新社（再版）.

吉田陽一・吉田多摩夫（編）（1983）：生物指標法．漁業環境アセスメ
ント，恒星社厚生閣，25 - 46.

Valiela，I.（1995）：Marine Ecological Processes. 2nd Edition，Springer.

第四章
今后如何应对环境问题

前　　言

第一、第二章讲述了具有代表性的"环境评估"事例，并整理了相关研究课题。在第三章里，以"新环境评估"为前提，思考了今后的沿岸环境开发问题，阐述了过去遗留下来的现实性课题及其中所包含的海洋学思考方法和方案等。但是，要解决沿岸环境问题，就会留下很多与社会系统相关的周边课题。因此，在本章，作为进一步推进沿岸环境问题的课题，主要任务之一就是让人们认识到环境研究及教育、培养人才的方式、环境数据利用及管理系统的现状等，这些都不仅仅属于海洋学。行政和教育系统的改革是解决环境问题的重要课题。为此，本章指出了以上问题的现状和今后的发展方向。

第一节　环境教育及研究

一、市民的环境教育与环境学习

在城市周边还存在很多珍贵的自然环境。但是，受开发的影响，那些珍贵的自然环境逐渐消失，开发商和反对开发的当地居民纠纷频发。谏早湾填海造田、东京湾三番濑开发计划引起了很多议论。想要做到能够考虑自然保护和开发方式，寻找适当的对策，市民的环境学习及对年轻一代的环境教育是很重要的。本节将就市民的环境教育、环境学习的意义及专家所起的作用，作一番思考。

（一）市民水质检测、水质净化试验

浅川地区环境保护妇女会

近年来，市民团体举行的对附近河流等的水质测定和水质净化试验越来越盛行。最早是东京都八王子市浅川地区环境保护妇女会（以下称"妇女会"）所开展的活动（加藤，1988）。为了解当地的河流污染，妇女会从 1984 年 7 月开始，每月一次，采用简易测定法，在多摩川支流南浅川等 18 处，进行水质调查。根据持续一年的测定结果及生活排水处理方法等相关问卷调查，发现流入河流的家庭排水给南浅川水质带来巨大影响。从水质调查和问卷调查的结果得知，居民的生活排水是污

染河流的主要原因，妇女会为净化河流进行各种试验，发现最有效的净化剂是木炭。在有生活污水流入的排水沟里放置120千克木炭，进行自制的净化试验。为了了解木炭净化的效果，定期进行水质调查，结果显示，污水中氨氮的浓度明显减少，从而确定了这一方法的有效性。

妇女会的一系列活动受到关注，报纸、电视对此进行了报道。之后，木炭水质净化试验在世田谷区、日野市、户仓町等自治体及很多市民团体中进行。

妇女会活动得以展开，主要原因在于团体的热情和适当的专家指导。关于木炭利用，专业人士的指导是非常必要的，水质测定时，笔者也提供了帮助。为了有效利用市民对环境保护和环境改善的热情，得到科学数据，专家们进行适当指导是很重要的。

市民水质检测网络的扩大

市民水质检测在浅川、野川、矢川等多摩川流域很多河流里扩大开来。而且，政府也开始帮助市民进行环境保护活动。在小金井市，市民和政府共同成立了小金井环境联合会，举行了自然观察会等各种活动。1989年6月，以联合会为中心，在野川、浅川、多摩川等18条河流、118个地点同时进行了水质检测，整理了水质污染地图（小仓，1991）。此后，活动主体虽转移到了水和绿色研究会，但每年6月环境周的星期天，继续进行水质调查。

1995年，水质调查在荒川流域（从大竜村开始到下游的户田市）开始实施，水质检测网络也扩大了范围。

因为市民调查在星期天实施，所以很多孩子也能参加，作为环境学习也很有意义。随着市民团体学习的步步深入，独立整理结果及考察成为可能，学习成果不断提高。水质检测活动成为市民亲自了解污染实态、考虑对策的契机，催生了各地热爱科学的业余科学家。而且，很多市民参加水质检测的地点并不属于政府实施检测的地点，能得到大面积数据，有利于弄清水质污染实态，对于补充政府数据很有意义。

世界河流环境教育网络

GREEN（Global River Environmental Education Network）是美国密歇根大学斯塔普教授提倡的通过河流水质进行学习的环境教育项目。作为高校理科教学内容，他提出了对密歇根州南部鲁日河水质进行检测的计划，此项目持续了两周。在此期间，学生们学习了简单的水质分析法，对溶解氧、BOD 等九个项目进行测定，探求水质指标。参加鲁日河流域水质检测的高校达 40 所，他们召开网络会议，进行总结和讨论。该项目利用河流水质开展环境教育，目前，已经扩展到了 136 个国家，有超过 25 000 所学校加入，正发展成为联结世界河流的网络（GREEN，1997）。

评估简易水质检测法的结果

简易水质检测法在各地推广，评价其结果的精确度和意义是很重要的。具有代表性的方法是包测试法。包测试法是把调剂好的试剂装入聚乙烯软管中，用大头针在软管上打开一个孔，吸入试用水，使其着色，在指定时间后把它和标准颜色进行比较，分析浓度。但是，包测试所表示的浓度间隔很大，读取值并不准确，有效数字是一到两位数。就相同试样而言，如果将包测试和标准法测试结果相比较，两者结果相似。可是，与标准法相比，简易法所能得到的值稍小。但是，即便是简易法，如在测定时候足够细心、操作熟练的话，也能够得到较精确的结果。

(二) 评估木炭的水质净化效果

浅川地区环境保护妇女会进行的木炭水质净化活动在各地推广。当时，此活动被指出存在以下问题。

1. 需要多少木炭？

2. 木炭能维持多久？

解决这样的问题，对于推进木炭水质净化是很重要的。为此，相关机构探讨了与木炭水质净化相关的定量评估。

东京都东久留米市黑目川上游流域，在宽达 2.7 米、长达 28 米的河床里放置了 2.5 吨的木炭，为了防止木炭流失，配备了铺满石头的净化设施，利用此设施，对水质净化能力进行了考察。在放置了木炭的上游和下游方向，每隔数日进行水质检测，可以判断 BOD 减少的期间就是净化可能期间。根据检测结果，可以净化水质的时间是 13 到 15 天。因为木炭的水质净化效果受到水质、水量的影响，在进行木炭净化手工试验时，要把这些因素考虑进去，有必要用足够量的木炭。

木炭水质净化是由于污染物质的物理性吸附和附着微生物膜附在木炭表面，进行有机物分解而产生的。木炭容易去除混浊物和有机物。但是由于附着微生物膜和沙土堆积产生拥堵，去污效率降低。因此，通过实际行动，考虑生活排水问题，尽量减少厨房污水。将此作为环境学习的材料，学习减少排污的重要性是非常有益的。

（三）向酸雨学习环境理论

同身边河流水质检测一样，市民酸雨观测网络正在扩大。因为每个地方都会下雨，所以在家里收集雨水，进行 pH 值测试，这是学习环境问题最合适的材料之一。

由美国奥杜邦协会组织的市民酸雨监控网络

美国奥杜邦协会（自然保护团体，在美国拥有大约 50 万会员）为了让市民了解并尽量减少酸雨对环境和健康的影响，设立了市民酸雨监控网络。通过这个网络，市民对于通常只有科学家才能处埋的问题进行测定，获得结果并向全球居民传达。

酸雨监控始于 1987 年，当时由美国各州大约 300 名志愿者会员（监测员）进行。各地监测员按照分发的酸雨测定用配套元件和简易手册，收集降水试样，用试验纸测定 pH 值，并把结果送到奥杜邦协会总部。总部以报告数值为基础，算出各地、各州月平均 pH 值，制成 pH 值分布图公布。pH 值分布图和数据，每月作为新闻播报给监测员。而且，在地方报纸和电视上进行报道。和天气信息一样，受到市民关注。

市民测定的降水 pH 值，和美国政府的国家大气沉降物调查计划测定结果相似，这在科学上是很有意义的。美国政府测定结果大约一年后公布，而市民网络得到的结果，在测定后一个月内公布，颇具及时性。根据降水 pH 值的季节变化及 pH 值分布图，可清楚地看出各州的 pH 值，提高市民的关注度，对环境学习很有意义。

1990 年 11 月，美国制定了新《大气清洁法》。目的是到 2010 年将形成酸雨的二氧化硫排放量降低到 1980 年水平的一半。市民的酸雨监控网络活动，目的之一就是支持制定该法律。市民的科学数据和市民意识，对制定法律作出了贡献，具有深远意义。

日本的监控观测网络

在日本，市民的酸雨监控网络也在逐步扩大（日本化学会·酸雨问题研究会，1997）。例如，东京都府中市，从 1990 年开始就开展了市民酸雨调查活动。该市给参加者分发调查手册和一套酸雨测定器具，参加者对每一场雨的雨量和 pH 值进行测定，并把结果报告给该市负责人。负责人每个月整理一次结果，制成市内酸雨 pH 值分布图，再制成连续三年记录报告书（府中市，1994）。参加者包括小学生、中学生乃至老人，每年参加的家庭有 40 户以上。

市内雨水 pH 值为 4—5，可以很明确地判定下了酸雨。这个结果和环境局的结果、笔者在府中市内不断测定的降水 pH 值大致相同。在市民开始调查和结束后，专家会讲解与酸雨相关的知识，对测定结果进行分析，以帮助市民加深理解。

pH 值测定，采用默克公司 pH 试验纸。用 pH 试纸和玻璃电极 pH 计测定雨水 pH 值，可以发现两者间的联系，确定了试纸测定作为简易法完全可以使用。但是，1992 年的测定结果，观测到 pH 值比前年低了 1.0—1.5。根据对观测市民的询问、调查发现，新购入的 pH 试纸的颜色和以前用的试纸颜色明显不同。经过与厂家沟通，得到的答案是：试纸制作方法发生了变化，已经不适合测定一部分雨水。值得庆幸的是，发现异常的市民，用新旧不同的 pH 试纸对同一雨水进行测定，得到的结果修正了过低的 pH 值测定结果，得以汇总出 1992 年的 pH 值（府中市，1994）。不断观测 pH 值的热心市民发现了 pH 值的异常。他们发现 pH 值太低，于是，用新旧不同的试纸继续测定，结果才使修正成为可能。这个事例是市民环境学习的成果，获得了很高评价。

（四）市民环境学习和环保活动
三个原则·七个规则

为了纪念多摩地区由神奈川县移交东京都一百周年，从 1992 年开始，制作了《技术先进的首都圈生活 21》专题节目，其中之一就是"涌水悬崖线的保护"。为了推进这个项目，1992 年 6 月，成立了涌水悬崖线研究会。市民和政府共同讨论了多摩地区今后的自然环境保护计划。经讨论，制定了"三个原则·七个规则"，确保可进行自由讨论的会场（表1）。此后，"三个原则·七个规则"作为市民和政府间进行讨论的基本规则，经常被采用（关，1994）。

表1 三个原则·七个规则（TAMA 生活21协会，1993）

三个原则	七个规则
自由发言	1. 参加者意见不作为所属团体的共同意见 2. 不对特定个人或团体进行逼问
充分讨论	3. 以公平规则进行讨论 4. 推进讨论时，要尊重可靠数据
达成共识	5. 确定问题后，达成协议 6. 站在客观立场看待争议问题 7. 制订计划时，区分长期和短期，以期提出可行性建议

研究会上，选择了落合川、野川、浅川及鹤见川四个流域，分别制作了环境保护项目。另外，为了谋求更大范围的综合环境保护，作为长期构想，提出了武藏野地区——水网绿网城市构想、浅川流域博物馆构想、多摩三浦丘陵群——城市型国立公园构想。在一年半内，市民和政府就多摩的环境保护问题进行了认真讨论，汇集了很多独特的建议。

多摩地区 NGO 活动

随着涌水悬崖线研究会的解体，1993年10月，成立了"水·绿研究会"，目的是为了更加具体地提出提议并付诸实施。为了更具体地讨论四个被提议地区的环境保护计划，市民分别着手研究，并开展活动。而且，专家们开设了与环境相关的课程、举行研讨会、河源徒步探测等实地考察调查活动（小仓，1994）。最近，成立了浅川流域联络会，该流域各市民团体积极开展浅川流域的环境保护和修复活动。

水·绿研究会及其他类似的市民团体，其活动皆由会员会费及国家、东京都、民间等调查研究补助金维持，每个团体都面临资金短缺问题，运营艰难。对于此类保护周边环境的非政府组织活动，政府发放补助及完善的社会体制是非常重要的。

如何用通俗易懂的语言来"翻译"现在获得的研究成果，市民和政府应共同确立市民环境科学意识（小仓，1992），具体思考多摩留下的宝贵的《水·绿保护法》，将其运用到实践中去，是今后的巨大课题。

（五）市民环境科学的意义和作用

市民和政府合作，以环境保护和修复为目标的市民环境科学，其意义如下：

① 亲自测定周边环境，了解实际状态。

② 广泛思考环境问题，开展为解决环境问题的实践活动。

③ 从地区环境思考地球环境，为了追求更好的环境，要有保护"不可替代的地球"的意识。

另外，作为"市民环境科学"的发展条件，需要作如下考虑：

① 能够进行高精确度的环境调查、检测。

② 环境调查、检测具有长期性、持续性。

③ 整理结果并进行公布。

④ 团队领导要有积极性。

⑤ 充分利用每个团体的经验和信息，有扩大网络的意愿。

⑥ 能够得到专家的建议和帮助。

21 世纪，市民的环境保护意识和实践活动具有极其重要的意义。因此，环境教育和环境学习所发挥的作用将会更大。

二、环境研究和人才培养

一般来说，面对众多的环境问题，单凭个人的力量是无法应对的。而且，也不是仅靠某个领域的专家就能应对的。为此，过去的教育系统和环境研究，基本没有通过专业细化及研究评估系统，和其他领域进行共同研究并作出评估。也就是说，至今为止，日本的海洋学会、土木学会、水产学会、生态学会、水环境学会等各种学会，虽然提出了沿岸环境问题，但是，他们都是站在各自的立场思考、论述，并没有取得横向联系。

近年来，即便是在经济学领域，"环境经济学"也在广泛地开展活动。另一方面，"××环境学"、"环境××学"等名称在很多大学都可以看到。这意味着环境变得更具社会性，也更加重要。但是，虽说近年来在教育机构里成立了新的实验室，可是那里的毕业生不可能马上了解社会上的所有东西，发挥其所长。要培养这些人才，为期 10 年的实践经验是不可或缺的。20 世纪 70 年代培养的人才，现在很多活跃于"行政领域"及"环境调查公司"。这一时期，因急于解决测量、对策、处理等问题，为了把握现状，采用各种器材进行现场测定、分析。但是，想要思考重视环境和生态系统的新的环境理念，实现基于此理念的"生态系统保护"、"环境改造"、"减轻对环境影响的行为"并没有得以实施。为了达此目标,有必要采取重视环境以及生态系统的"环境评估"。为此,不仅进行现场测定、分析,有必要从作为对象的地区社会是何种形态、如何进行沿岸开发这些观点出发,促进居民、政府、研究者对沿岸环境问题进行一体化思考。过去的那种从属于某个实验室、只以取得研究成果为目的的研究,是不能解决沿岸环境问题的。就是说,有必要考虑研究的社会性,与其他领域研究的横向联系,和居民、政府、研究者的合作。为此,大学的人才培养应该更加开放,要实现此目标,需要大学系统改革,这是从沿岸环境问题到地球环境问题的共同课题。而且,企业的技术开发和商品开发、基于地区考量的信息处理、示范开发、数据管理及影响预测的生物实验手法开发等,尽量不要给环境带来负担,应该有助于新业务领域的发展。为此,目前为了尽量减少"持续性开发行为"对周边环境的影响,充分利用民间现有人才,这也不失为一条捷径。

(一)环境研究

环境评估的环境变化预测和事后评估,是在开发行为没有对环境造成影响的情况下进行对比实现的。因此,作为环境基础信息的气候、大气、水质、生物栖息状况及长期积累和变化相关的背景性数据,是很有必要的。特别是与生态系统指标相关的生物栖息状况,这些状况在自然因素里的短期变动很大,要了解长期的变动幅度和周期，必须有长期的数据。然而，在日本，环境问题的背景是公害，公害就是大气污染、赤潮等。虽然实施了很多与生活、产业相关的监控调查，但与生物栖息等生态系统相关的项目，非但没有监控，很多地区（海域）没有进行过一次现状调查。环境评估里，随着事前监控调查重要性的增大，如果事前监控调查不充分，此后的生态系统和生物进行影响评估就要花费更长时间。

（二）政府的作用

环境监控并不是为了具体的研究课题而实施的，很多时候都未必有立竿见影的效果。而且，实施时，人力和经济负担比较大。因此，由企业和大学研究室等小规模组织持续进行监控的负担就很重。例如，清水对东京湾大型水底动物进行了持续20年的调查，这是从生态系统理解东京湾环境变化的唯一最新信息。但是，他退休后，这个调查不得不中止。要横跨多领域进行长期监控，只有政府才能完成，政府应该努力将其作为最重要的工作。要实施有效评估，监控的行政战略是必要的。就是说，以监控信息为基础，根据影响评估的目标来选择合适的时间、空间规模、项目。这对于减少评估经费及丰富评估内容都是必不可少的。

另外，环境评估收集的信息，有必要作为以后的环境信息加以利用。过去的环境信息本身拥有独一无二的价值。过去的信息不足，会导致开始评估时的基础信息收集工作量的增加，也会影响以后的评估和精确度。而且，因为时间和经费有限，为了把精力用在更有效的实施评估上，在过去的评估里得到未曾公开的数据，将这些数据保存以便使用，也是提高评估效率不可缺少的工作。数据利用的目的不同，分析方法也不同。要在新分析里，有目的地灵活运用过去的数据，把原始数据作为电子信息，存入电脑以方便使用。为了信息整理、保管及更好地利用，有必要设立评估信息中心等专门机构。与JODC（日本海洋数据中心，后述）和其他行政机关、各个自治体的数据中心等联网是很有必要的。为此，其他的行政机关、各个自治体的共同信息需要公开。

（三）人才培养

环境评估是综合性科学，要实现评估，需要各研究领域专家的参与。要根据科学方法实施评估，需要各领域自然科学的发展。而且，正如技术委员会那样，预计今后要求参加评估的研究人员会大幅增加。

在日本，有不少以环境和生态为研究对象的潜在研究人员及学生。在大学里，新开设了环境学科、学院。但是，这些学院，存在偏向工科或生物化学领域的倾向，以生态系统和生物分类学等环境主体的生物为中心的研究教育体制并不完善，专业研究人员和教育工作者也不多。此领域的知识经验作为民间产业难以成立，工作场所限定在大学、博物馆及公共研究机关等部分公立机构。而且，这些机构本身数量相当少。另外，作为行政职务，在国家级层面很少录用生物领域的人员。在地方自治体中，几乎没有此类机构。就是说，环境人才的培养，还未完全纳入社会体系中。最近，评价研究者的能力时主要根据发表论文的数量，而且多以发表英语论文的数量来评价。英语论文也取决于影响因子，越是论文引用频率高的专刊及受好评的专刊越有利。此种采用影响因子的评价制度，使得那些最追求流行研究的研究者得到评价最高。

比起室内研究，以环境为调查对象的研究，可谓困难重重，例如，动物一年产一次卵，能够收集数据的机会很少，往往要经过数年才能得到结果，其研究领域也与物理、化学有一定关系，但由于此类研究十分依赖于当地的生态系统及生物现象，所以不可能成为全世界流行的研究课题。例如，从第二章的长良川、三番濑等例子看，利用日本环境信息的基本上都是日本人，论文须以日本人为对象，用日语撰写。还有，对于专家及居民的环境学习来说，缺少的未必是专业杂志，而是普通书籍。比起学术杂志，普通书籍对社会的贡献会更大。

可是，在现有评价制度下，普通日语书籍不会作为研究者的业绩被认可。用日语撰写的与环境及生态系统等相关的论文，作者竟被认定为研究能力低下。在日本，和环境相关的研究人员，在大学、研究所处于不利地位，待遇并不好。环境问题作为现在科学中的主要课题，今后，对于从事科学研究的人来说，社会要求他们参与环境问题研究的机会越来越多。要改变现在这种老套的做法和一元化能力评价制度，有必要把专业委员从事的与环境相关的研究和评估活动，作为对社会的贡献来评价，扩大研究人员的研究领域。

此外，过去的环境问题是体制本身的问题，再加上居民运动与行政相对立，行政部门把主张生物保护、批判开发的重视实地考察的研究者仅仅看作是体制批判者，这无视了自然科学研究人员解决环境问题的努力，也是促使学生远离环境问题的主要原因之一。今后的环境评估，希望能够引入熟悉当地生物、生态系统的专家的意见，灵活使用植根于当地的研究人员和各类人才。

政府实施的监督、持续的基础调查研究也远远地滞后。行政方面也是如此，研究机构的设置比以前多了，日常业务中，如与周边垃圾及地球环境问题的相关业务明显增加。具有环境及生物专业知识的人才纷纷被录用。此外，从事环境监督的专业公司（企业顾问）职员，由于信息公开和责任明确化，作为专家的个人能力受到积极评价，其社会信任度增加，同时也增加了职业魅力。可以说，人才培养的基本问题在于改善评估制度和职场环境。

（风吕田利夫　石川公敏　佐佐木克之）

第二节　环境评估的数据管理

生态系统的维护是环境问题的重要课题。但是，与生态系统相关的数据，至今并未受到足够的重视。因此，从 20 世纪 60 年代开始，在国家、自治体、民间等多层面进行观测、测定而得到的环境数据几乎没有被公开，没有被有效地利用和评估。

现在，虽然海洋观测数据管理属于海上保安厅和日本海洋数据中心（Japan Oceanogarphic Data Center — JODC），但管理和利用仍不充分，特别是环境数据。如何对过去的相关环境数据进行管理？在何处保存着怎样的数据？相关体制并不完整。一般认为，造成此结果的原因是，政府没有公开环境数据或注册的义务。

今后的环境影响评估，考虑到地区性的影响评估，海洋生物的重要性将增大。因为没有数据公开制度，所以也没有验证海洋生物数据可靠性的数据质量检查系统。生物分类和鉴定取决于责任人的技术，所以应该首先建立相互检查系统。

面向 21 世纪的海洋数据管理，必须做到：1. 应该负责保护环境，应该认识到地球是全人类所共有的环境；2. 为了维持环境管理，进行环境监控；3. 环境数据全部公开，为了维持数据的质量，建立检查系统；4. 为了便于管理，为每个地区建立数据管理系统。

一、日本海洋数据中心的海洋数据处理

为了弄清各种海洋现象的实际情况及其结构，很多调查机构和研究人员长年进行海洋观测及数据收集。在和海洋相关的

所有领域里，调查研究和开发利用的基础是观测数据。如果能够知道观测海域过去收集的观测数据，就能制订有效的观测计划。制订研究计划时，从现有数据开始的方法称为一般性方法。另外，为了了解海洋现象机制，进行未来预测，期望可以开发出能够正确解释现象的模型。这种模型必须要在海里测定观测数据。此外，要评价模型的合理性，和观测数据的比较也不可或缺。因此，积累高质量的观测数据，制定较灵活的体制，实际上对海洋学的进步非常重要。

因为海洋观测需要很多人手和经费，所取得的数据，比如各处的水温，也是极其珍贵的。例如抛弃式深水温度计 XBT（Expendable Bathy Thermograph），比较容易测量海面下 100 米的水温，作为测定表层水温的仪器被广泛使用。经费方面，一根测量用传感器最多几千日元，但考虑到达观测点的航行费、人工费，每一个观测累计达几十万日元。虽如此，我们说海洋数据很珍贵，并非一味强调经济层面。测定时间及空间变化中的某一瞬间，海流和水温观测数据不能够通过重复完全相同的观测获得。有时即便是能够获得接近现象本质的观测数据，但其他时间，不能保证再次获得。因此，根据不同目的，收集、保存初次利用后的观测数据，以供二次、三次利用，其意义重大。

上述讨论从几十年前就已经开始。实际上，关于海洋数据管理的重要性，上世纪 50 年代在国际上也得到了承认，以 1957 年到 1958 年地球观测年（International Geophysical Year —

IGY）为契机，成立了世界数据中心（World Data Center —
WDC），取得了一定的成果。之后，各国成立了海洋数据中
心，促进了数据观测流通体制的完善。因此，关于海洋数据利
用，在理念上很久以前就曾讨论过，国际性框架也大致完成。
只是如果从确立数据公开制度这一观点来看，现有系统是否能
充分发挥其作用？为了回答这个问题，在这里，介绍已有三十
多年历史的日本海洋数据中心的现状和问题，并对今后海洋数
据管理方向提出一些建议。

在日本海洋数据中心，从 20 世纪 80 年代末起，除了海
洋生物数据（浮游生物）外，还处理了与传统性海洋物理、
化学及海洋固体地球物理相关的数据。关于生物数据管理，
在下一节将会加以论述，本节主要讲述与海洋物理相关的数
据处理。

（一）国际海洋数据交换系统和日本海洋数据中心
国际海洋数据与信息交换系统

联合国教科文组织政府间海洋学委员会（Intergovermen-
tal Oceanographic Commission — IOC）主导，通过国际海洋
数据和信息交换系统（International Oceanographic Data and
Information Exchange — IODE）收集并保管海洋的科学数据
和信息，确保其在国际上流通。IOC 从设立之初就把确立海洋
数据流通和管理体制作为最重要的课题之一，在 1961 年第一
次全会上，以推进海洋数据的国际交流为目的，提出了以下

建议。

1. 以在地球观测年成立的世界数据中心组织为中心，促进国际海洋数据交换。

2. 加盟国为了顺利推进海洋数据收集、处理及交换，设立国家海洋数据中心（National Oceanographic Data Center — NODC）。

3. 开展促进海洋数据交换、统一数据格式、支援国家海洋数据中心等相关活动。

受这些建议推动，各国的 NODC 的活动变得异常活跃。日本于 1965 年成立了海洋资料中心。NODC 的任务是收集和管理各国相关机构获得的海洋观测数据，推测该国海洋数据的有效使用情况，和各国 NODC 及 WDC 合作推进海洋数据交换。1998 年至今，大约有 50 个国家加入了 NODC。WDC 在 IODE 成立以前，以 1957 年地球观测年为契机，由国际学术联合会议牵头成立。本来，不仅限于海洋数据，还包含了与固体地球物理相关联的数据。现在，WDC 能够广泛处理地球观测数据。其中，处理海洋数据的 WDC，由 WDC 成立之初设立的 WDC‐A（美国）和 WDC‐B（苏联，现在的俄罗斯）组成，持续开展了以数据最终保管为中心的活动。1989 年，中国作为 WDC 处理海洋数据的第三个国家，得到国际科学协会理事会（ICSU）的认可，成为 WDC‐D。另外，WDC‐C 曾由日本等几个国家分担，但是处理海洋数据的 WDC‐C 现已不存在。

**表 2　国际海洋数据与信息交换系统
（IODE 及 JODC）的发展历程**

年份	事　件
1957	地球观测年→世界数据中心成立
1961	联合国教科文组织政府间海洋学委员会（IOC）→第一次总会关于促进海洋数据国际交换的建议
1964	海洋科学技术理事会报告→把海洋物理的数据中心设立在交通运输部
1965	海上保安厅水道部海洋资料中心成立（JODC），JODC 承担黑潮及邻接海共同调查（CSK）
1972	海洋资料交换国内联络会（事务局：JODC）成立
1975	第 8 次 IODE 总会→建立责任海洋数据中心制度
1979	西太平洋海域共同调查（WESTPAC）第一次会议→把 JODC 指名为 WESTPAC 的 RNODC
1982	WESTPAC 数据管理研修开始（JODC 负责）
1983	JODC 把组织名称从海洋资料中心改为日本海洋数据中心
1987	JODC 负责向日本国内机构分发 TOPEX/POSEIDON 数据
1991	JODC 开始利用电脑通信数据交换系统 JODC 开始 ADCP 数据的 RNODC 业务
1992	JODC 开始 WOCE 的 ADCP-DAC 业务
1993	JODC 指定为 JGOFS 的 DMO
1994	JODC 通过 CD-ROM 等新媒体开始提供数据 JODC 连接网络，主页开始运行
1996	JODC 开始运行在线数据服务系统 JODC 开始利用无线数字服务系统（J-Doss）

　　WDC 负责观测数据的最终保管，国内每日观测数据的收集和国际数据交换，在 IODE 框架中，由各国的 NODC 负责，各司其职，这是国际性海洋数据管理的基本结构。但是，这个

结构和刚成立时相比，观测机器和方法有了明显的进步，获得了大量的数据。因此，为了减轻 WDC 的负担，在 IODE 建立了责任海洋数据中心制度，这是在 1975 年第 8 次 IODE 总会决议中决定的。作为 WDC 的补充，对于某观测项目、计划或特定地区数据进行收集和管理。日本海洋数据中心是全球海洋服务情报系统（Integrated Global Ocean Service System — IGOSS）及海洋污染监测（Marine Pollution Monitoring — MARPOLMON）的西太平洋海域的责任中心。另外，日本海洋数据中心从 1991 年开始负责和声学多普勒流速剖面仪（ADCP）数据相关的国家海洋数据中心（RNODC）的任务。

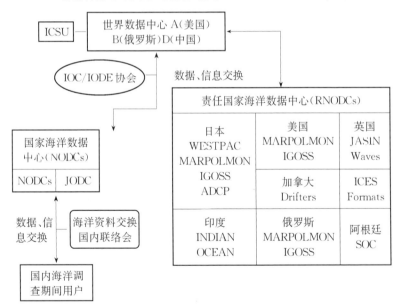

图 1　国际海洋数据与信息交换系统概念图
（Michida，1997 版修订）

IODE 的基本原则是加盟国、国际共同研究计划、各研究者为了全体利益以及促进海洋学发展，自愿主动公开相关数据（IOC，1991）。也就是说，IODE 在收集管理数据的时候，不能强求有关国家、机构、研究者公开数据。因此，希望国内研究计划及各研究者能够理解 IODE 概念。另外，和 WDC、各国的 NODC、RNODC 运营相关的费用，原则上由各国分别支付。

JODC 的成立与发展

如前所述，在 1961 年第一次 IOC 总会上，通过了关于海洋数据交换决议，讨论了日本海洋数据管理，成立汇总日本国内数据相关机构的事宜。1963 年，在海洋科学技术审议会（海洋开发审议会前身）报告中加入了一项宗旨，即"为谋求海洋数据的有效利用，有必要在日本设立一个海洋资料中心"。自此，开始具体讨论设立 NODC 的议题。1964 年 9 月，该审议会向运输省提交了设立重点处理海洋物理系数据海洋资料中心的报告。在报告中，还提出了将海洋生物系资料中心设在农林省的建议。

根据该报告，1965 年 4 月，在运输省海上保安厅水道部新设了日本海洋数据中心。从提交报告到成立，仅仅用了 7 个月的时间。半年后，即 1965 年 10 月，水道部海洋数据中心，作为国际海洋数据与信息交换系统中的一员，于日本国家海洋数据中心进行了注册。自此，日本海洋数据中心作为在国际上和国内都得到认可的机构，开始开展海洋数据管理工作。当时，其他国家也相继成立了国家海洋数据中心。日本海洋数据中心是当时设立的最早的数据中心之一。虽然现在英国、法国等国的数据中心后来居上，但是日本海洋数据中心成立时，这些国家还没有数据中心。

表 3　JODC 发展轨迹

年　度	处理项目数	职　员	预算（单位：百万日元）
1965	2	4	3
1970	2	8	20
1975	4	8	20
1980	15	9	36
1985	24	23	131
1990	24	27	137
1995	30	27	146
1998	30	24	189

日本海洋数据中心成立之初的主要工作是收集当时作为海洋观测主流的各层观测数据，他们的工作首先从数字化开始。当时，黑潮开始受到国际关注，作为政府间海洋学委员会公务之一，要实施黑潮及邻海共同调查（Cooperation Study on the Kroshio and the Adjacent Seas — CSK）项目，成立伊始的日本海洋数据中心就是该项目的数据中心。邻海共同调查观测数据，除了观测各层的水温、盐分、营养盐浓度等，还包括温度计（BT）水温测量、偏流和地磁场电磁海流计（GEK）海流测量。如上所述，在成立构想中，除了处理海洋物理系的数据，成立后立即从负责黑潮数据中心（KDC）开始，作为擅长处理此类数据的数据中心，推进了（JODC）初期的活动。

当初需处理的项目不仅有各层观测和海流，还包括海底地质和浮游生物。但是，收集观测数据本身，只限于各层观测、表面观测、BT、海流、潮汐等海洋物理系数据，其他项目收集位置信息，根据需要提供有关保管场所及机构的信息。在数据管理方面，考虑到操作简单性及日本海洋数据中心成立时的人员规模确定了操作范围。

成立之后，JODC 虽然步伐缓慢，但是发展顺利。当初包括所长在内只有 5 个人，一年预算不到 300 万日元。到 1998年，拥有 20 多名员工，可支配经费约 2 亿日元。虽然不能和拥有 400 多员工的中国数据中心相比，在世界数据中心，其规模也是屈指可数。

1979 年，已取得预期成果的邻海共同调查有针对性地解体，作为政府间海洋学委员会的地区计划，开始了西太平洋海域共同调查（WESTPAC）工作，而 JODC 则负责国家海洋数据中心业务。此后，日本海洋数据中心作为太平洋西部地区海洋数据管理的中心机构，开展了一些重点工作。例如，以太平洋西部地区各国管理负责人为对象，从 1982 年开始，每年实施太平洋西部数据管理研究计划，并策划改善这一地区的海洋数据流通秩序。1997 年，日本海洋数据中心所长被任命为太平洋西部地区国际海洋数据和信息交流协调员，期待他能对这一地区的海洋数据管理及流通发挥更大的作用。

在技术方面，日本海洋数据中心与其他各国的数据中心相比也毫不逊色，并且还在不断地发展壮大。中心设立之初，以观测报告书等形式，将公开发表的数据进行数字化保管，此项工作占了其业务的大半部分。但是到了 20 世纪 80 年代之后，因为 CTD 和 ADCP 新观测器的普及，需要处理由这些机器输出的大量电子数据，迫切需要对数据管理质量和体制进行改革。不仅是观测仪器，随着近几年信息技术的显著进步，日本海洋数据中心急需引进新技术，如发行光盘驱动器载入数据设备、网上在线信息公示等。

（二）日本海洋数据中心海洋数据管理现状
所在地信息收集

在国际海洋资料和信息交流中，作为应该交换的海洋数据，列出了关于水温、盐分、洋流等海洋物理数据及化学成分、污染等海洋化学、浮游生物量等海洋生物，甚至海水深度和海上重力等地球物理方面的数据，这些项目又被细分为符合处理手册或标准交换手法及除此以外的其他数据。例如，同样是物理变量，目测观察的波浪数据被分为前者；以遥感器测量的海面浪高被分为后者；海水深度作为标准化交换数据之一，用侧舷勘测声呐测出的数据属于特殊数据。

考虑到 IODE 的基本目标是防止海洋观测数据丢失，不管数据交换方法是否标准化，都需要收集这些数据所在地的相关信息。就是说，即使技术上或制度上有困难，数据中心要收集测定的数据，事先明确与这些数据保存机构的契合点显得尤为重要。因此，IODE 需要 WDC、RNODC 及各国 NODC 提供完善目录（数据保存机构的清单）和盘存表（数据中心保管的各机构所保存的数据清单）。并且，因为需要准确把握新数据，特制定了相关规定，这就是《国内海洋调查计划》和《航海概要报告》。

1. 国内海洋调查计划（National Oceanographic Programme — NOP）

NOP 是国际海洋学委员会各加盟国为了每年将各国预定实施的航海调查计划概要进行公示，并将与调查计划相关的信息在各加盟国间交流而设立的。日本 NOP 每年对日本海洋数据中心相关机构进行调查并汇总，然后发行一本《国内海洋调查一览》（最近日本海洋数据中心还开通了网上服务），同时发给各加盟国。相关机构大多积极配合，因此 NOP 基本网罗了一年的航海调查计划。

2. 航海概要报告（Cruise Summary Report — CSR）

航海概要报告是将实施的航海观测内容向世界各国公布，对于研究人员，可以明确数据之所在。可以避免航海结束到观测数据公开期间数据所在地的不确定性，准确实施数据交换。航海结束后，航海调查负责人需要将数据的种类、数量和航海图等用 IOC 指定的形式记录整理，并提供给海洋数据中心。在日本，一年中所提交的信息每年由日本海洋数据中心进行整理，然后发行《海洋调查报告一览》。

NODC（国际海洋数据和信息交流）的理想是让海洋数据中心收集并保管日本国内生产的所有海洋观测数据。但是，当前要做到这一点是很困难的。上述明确数据所在地信息是数据中心所负责的重要任务。数据中心与研究者正在积极合作，丰富航海概要报告。对于既存信息收集活动进行积极介绍，同时，为了收集更加完整的所在地信息，必须致力于制度的完善。

保存数据

JODC（日本海洋数据中心）保存的数据领域非常广泛，大致可分为以下几种。

1. 海洋物理数据：各层观测、抛弃式海水测温仪系统（XBT）测量所得的水温、洋流、潮汐、潮流、波浪等。

2. 固体地球物理数据：水深、地磁力、重力等。

3. 海洋化学、污染数据：二氧化碳、油、重金属等。

4. 海洋生物数据：浮游生物。

与化学生物类的数据相比，海洋物理数据更加容易进行标准化处理，在 JODC 现存数据中，与海洋物理相关的数据占了很大比例。固体地球物理数据虽然较之海洋物理数据起步晚，但近来也在不断发展壮大。相比之下，海洋污染、海洋生物相关的数据保存量不多，在数据管理技术上也不算先进。

关于海洋污染相关数据，从 1987 年开始，RNODC 就开始实施全世界海洋污染监督计划（MARPOLMON）工作。环境厅、气象厅、海上保安厅除了收集海洋污染调查相关数据，将其数字化之外，作为全世界海洋污染监督计划的一部分，还收集管理漂浮油块、海面油膜、海水油分数据（道田，1988）。此外，关于海洋生物，处理浮游生物的数据作为一个项目由气象局、渔业局进行观测数据并进行数字化管理。关于这一点，在下一节将做详细介绍。

JODC所保存的数据中，有日本海洋调查相关机构观测数据和其他各国数据中心相互交流得到的数据。JODC从国家调查研究机构、地方自治组织、大学及民间研究机构等各种渠道获取数据，特别是在海洋物理数据方面，气象局、渔业局及海上保安厅提供了大量的数据。被称作海洋三厅的机构，定期向JODC提交各机构实施的海洋观测的结果，对丰富数据库起了很大的作用。另外，它也从海洋科学技术中心、环境厅、防卫厅、大学等地方获取数据。

表4为1997年年底，日本海洋数据中心保存数据，由表可见，各层观测点在30万个以上。

表 4　日本海洋数据中心保存的数据一览

种类	数据集	概要
水温、盐分	各层观测	南森采水器、STD、CTD所定层的水温、盐分等
	BT	MBT、DBT、XBT、AXBT水温垂直分布
	BATHY/TESAC	IGOSS报告的水温、盐分
	水温数据集	各种文件统计所定层水温
	沿岸域海相	水产局、气象局沿岸定点月及季节平均表面水温、气温
	世界水温、盐分	全世界海洋水温、盐分数据
	世界水温、盐分统计值	全世界年、四季、月水温，盐分统计值（1度格）

种类	数据集	概　要
洋流	洋流	GEK、偏流、ADCP 洋流数据
潮汐、潮流	每时潮位	海上保安厅、气象局、北海道开发厅观测点
	验潮曲线	海上保安厅观测点验潮曲线缩微胶片
	太平洋印度洋潮位	太平洋、印度洋（34 个地点）
	潮流	流速计测定的洋流数据
波浪	定点测器波浪	气象局测器的波浪观测
	沿岸目测波浪	灯塔等目测波浪
	船舶目测波浪	巡视船目测波浪
污染	重金属、油分等	海上保安厅、环境局、气象局海洋污染观测
	油污染	MAPMOPP、MARPOLMON 油污染观测
海洋地球物理、海洋地质	水深	将各种测量资料、海图等数据化，观察船测得水深（MGD77）
	ETOPOS	美国 NGDC 制作每 5 分网格水深、海拔
	3 次网格水深统计	JODC 水深数据每 3 次网格统计值数据（平均、最大值、最小值、点数、标准偏差）
	等深线	各种测量数据、海图等深线数字化数据
	海岸线	各种测量数据、海图等深线数字化数据
	底质	各种测量数据、海图等深线数字化数据
	地磁气	调查船测得磁力值

种类	数　据　集	概　　　　　要
海洋地球物理、海洋地质	重力	调查船测得重力值
	KAIKO	法国【吉恩、夏科特】KAIKO 计划区第一期水深、地磁气、重力、声波调查成果
	测量原图	水深测量原始资料
海洋生物		环境局、水产厅、气象局、都道府县水产试验场观测浮游生物数据
所在信息		地方海洋完善事业中各海域海洋信息（自然信息）
海洋观测机器		日本国内相关机构收集的海洋观测机器设置、收集状况

表 5　日本海洋数据中心刊物一览

定期出版物

杂　志　名	创刊年月	发行号数
JODC 新闻	1971 年 3 月	No. 1—No. 54（半年刊）
国内海洋调查一览	1972 年 12 月	No. 1—27（年刊）
RNODC Newsletter for WESTPAC	1982 年 3 月	No. 1—No. 16（年刊）
海洋调查报告一览（国内海洋调查机构信息）	1984 年 3 月	1975—1996 年版
RNODC ACTIVITY REPORT	1990 年 3 月	No. 1—No. 8（年刊）

已发行出版物

杂　志　名	创刊年月
海洋环境图（外洋编—西北太平洋）	1975 年 12 月
国内海洋资料交换便览（第 4 版）	1978 年 3 月
海洋环境图（外洋编—西北太平洋）	1978 年 3 月
海洋环境图（海流编）	1979 年 3 月
Data Report of KER（No. 1—No. 9）	1979 年 9 月
Oceanographic Atlas of KER（No. 1—No. 9）	1980 年 3 月
国内海洋调查船一览	1981 年 3 月
Guide to CSK Data（Apr. 1965—Dec. 1977）	1981 年 3 月
WESTPAC Data Management Guide	1982 年 3 月
海洋地质、地球物理数据目录	1983 年 3 月
日本近海洋流统计图	1983 年 3 月
水深数据目录	1983 年 3 月
实用盐分和海水状态方程式	1983 年 3 月
WESTPAC 数据管理向导	1983 年 8 月
潮汐调和定数目录	1984 年 1 月
海底地形图（西北太平洋）	1984 年 3 月
沿岸海域海洋数据目录（东京湾）	1984 年 3 月
实用盐分和国际海水状态方程式	1984 年 6 月
波浪数据目录（测器观测）	1984 年 9 月
沿岸海域海洋数据目录（伊势湾、三河湾）	1985 年 3 月
日本海洋数据中心所藏文献目录（国内编）	1985 年 3 月
洋流数据目录	1985 年 3 月

杂　志　名	创刊年月
沿岸海域海洋数据目录（大阪湾）	1985 年 3 月
海洋信息便览	1985 年 3 月
GF‐3 手册（国际海洋数据交换用 IOC 格式）	1985 年 3 月
洋流观测信息	1985 年 10 月
日本海洋数据中心所藏文献目录（国外编）	1986 年 3 月
沿岸海域海洋数据目录（濑户内海东部）	1986 年 3 月
沿岸海域海洋数据目录（濑户内海西部）	1986 年 3 月
日本近海波浪统计图表	1986 年 3 月
沿岸海洋图集（濑户内海）	1986 年 3 月
日本近海海况图	1975—1991 年版
Data Report of KER（2）（No. 1—No. 7）	1988 年 3 月
Oceanographic Atlas of KER（2）（No. 1—No. 7）	1988 年 3 月
各层观测数据目录	1989 年 3 月
海洋地球物理数据目录（修订版）	1990 年 3 月
水深统计数据目录	1990 年 3 月
日本近海洋流统计图（修订版）	1991 年 3 月
JODC 要览	1991 年 3 月
CTD 数据校正手续	1993 年 3 月
利用日本海洋数据中心手续	1994 年 3 月
国际海洋数据、信息交换手册	1994 年 9 月
WOCE 数据手册	1995 年 3 月

杂　志　名	创刊年月
JODC 要览（修订版）	1995 年 3 月
Data Report of KER（3）（No. 1—No. 2）	1995 年 3 月
IOC 发行物、文书保管中心文献目录	1995 年 6 月
WESTPAC Data Management Guide（修订版）	1996 年 11 月
水温数据集（CD‐ROM JODC‐1）	1995 年 3 月
洋流数据集（CD‐ROM JODC‐2）	1996 年 3 月

刊物和数据集

日本海洋数据中心为了让更多人了解其工作内容及利用数据的可能性，发行了各种期刊杂志，还整理已有数据，以刊物和数据集的形式发行。表 5 为至今为止所发行刊物的目录和数据集一览表。

定期刊物

《国内海洋调查一览》、《海洋调查报告一览》：位置信息（每年发行）

《JODC 新闻》：JODC 活动概要，IODE 动向介绍（一年发行两次）

RNODC ACTIVITY REPORT：由 JODC 负责的 RNODC 活动报告（英文版，每年发行），所有活动报告皆免费发放，最近大部分内容登载在主页上。

《海洋环境图》（1975 年发行）等定期刊物作为数据产品，主要是把收集到的数据加以统计处理，作为图集出版。最近，数字产品成为主流。例如：作为黑潮开发利用调查研究的一环，把国内有关机构观测到的水温、盐分及洋流等数据进行整理，每年发行 KER 数据报告。不仅分发给项目相关人员，还分发给众多相关研究机构及研究人员。而且，在 1995 年，整理了过去积累的水温数据，记录到光盘（CD - ROM）并发行；1996 年，作为第二期，以光盘（CD - ROM）的形式发行了洋流数据集。

在线数据服务

日本海洋数据中心 1994 年创建了互联网主页。作为政府机关提供互联网信息，在日本算是最早的。当时，除了在一部分研究机构和先进企业内，互联网还没有得到普及，日本海洋数据中心的一些尝试，往往被认为为时过早。但是，当时在美国，互联网信息收集、信息公开早已渗透到各个领域。互联网作为能够克服空间距离的工具，在海洋数据管理领域也受到关注。

日本海洋数据中心在使用互联网之前，从 1991 年开始，利用电脑通信提供信息（JODC Online Information and Data Exchange Service — JOIDES），进行研究项目的公告，提供《海洋略语词典》等的信息服务（马场，1993）。JOIDES 以日本国内研究项目的相关人员为中心，在其黄金时代，注册人数超过 200 人。但是，随着互联网的普及，以及 1994 年开设了日本海洋数据中心主页之后，JIODES 的访问数渐渐减少，1997 年年末关闭了这一服务。有评价说，从 JODC 在线服务初期开始，到最近互联网爆炸性普及的这一过渡期，JOIDES充分发挥了其应有的作用。

国际项目和海洋数据管理

与海洋数据管理相关的 JODC 工作，没有各国数据中心的协助是无法正常进行的。这里特别值得一提的是海洋数据管理，以下从推进海洋数据管理这一视角，介绍其中几个典型事例。

1. 世界海洋循环实验（World Ocean Circulation Experiment — WOCE）

1990 年开始的世界海洋循环实验，是一个以世界海洋循环模型化为目的，收集均匀且准确性高的必要数据的国际计划。到 1997 年，结束了集中观测期，到 2002 年，将致力于分析收集的数据和模型化。

观测数据规格说明书的条件非常苛刻，从这一点来说，世界海洋循环实验的计划可谓前所未有。并且，其在数据管理上也有所突破。首先，世界海洋循环实验属研究者共有财产，制定了原则上观测结束后两年内公开数据的政策。而且，每个项目都设立了数据装配中心（Data Assembly Center — DAC）和特别分析中心（Special Analysis Center — SAC），为了监控数据提交和流通是否按计划进行，由数据管理委员（Data Management Committee — DMC）——现在由数据产品委员会（Date Products Committee — DPC）组织实施。为了实现这一目标，制定世界海洋循环实验计划的研究人员展开了讨论。大部分研究者认为，当时的 IODE 数据管理体制是不完善的，为此他们构筑了一个不依存于 IODE 的独立的数据管理系统，这对于 IODE 来说是一个很大的刺激。以 WOCE 为契机，在 IODE 内部，讨论了如何完善地球环境研究数据管理系统的策略。

当时，可以看出，WOCE 数据系统有意排除 IODE。但 1995 年，WOCE 集中观测期即将结束，这时 WOCE 开始向 IODE 靠近。其理由之一是，IODE 改善了存在缺陷的系统。另一方面，WOCE 很难对负责 DAC 和 SAC 的研究机构的数据进行最终保管，随着项目接近尾声，WOCE 才将世界数据中心（WDC）负责最终保管的工作委托给了 IODE。

在世界海洋循环实验中，日本海洋数据中心和美国国家海洋数据中心共同负责声学多普勒流速剖面仪（ADCP）数据装配中心。到 1992 年，在数据管理委员会委员之间，关于负责 ADCP‑DAC，JODC 以在 JODC 里负责 ADCP 数据处理、品质管理的专家非常驻为由，提出了很多反对意见。但是，如果不管宝贵的 ADCP，数据终将丢失。所以，为了防止目前的数据损失，JODC 收纳了 ADCP 的 DAC。这也是 WOCE 为何向 IODE 靠近的原因之一。

作为 ADCP‑DAC，JODC 重点收集并保存日本的 ADCP 数据。至 1997 年末，大约保存了 3 500 艘游轮的数据。美国 NODC 作为 DAC 的合作伙伴，在夏威夷大学设立了分部，主要处理和保管美国的 ADCP 数据。在整理 WOCE 观测数据光盘（CD‑ROM）（1998年发行）集时，ADCP数据由JODC和美国NODC共同负责采编，两者共同记录收集ADCP数据。作为研究者和数据管理者，认真讨论和海洋数据管理相关的计划，WOCE的计划可谓意义深远。研究者和数据管理者就快速的数据流通、高品质管理、现实运行中所出现的困难、如何确保最终保管体制等主题进行了对话。

2. 全球海洋通量共同研究（Joint Global Ocean Flux Study — JGOFS）

JGOFS的目的是弄清海洋物质循环的实际情况，为此需要管理海洋化学数据。但海洋化学方面的数据，在标准化上存在着很多难题。测定方法等数据周边信息，在海洋物理数据收集上非常重要。但是，机械测定有难度。在海洋化学领域，很多数据无法自动化，因此，周边信息极富本质意义。在认同化学数据标准化存在困难的情况下，如果除去一部分化学成分，数据收集、交换的意义究竟有多大？对于这样的批评，可能难以进行准确地反驳。但是，地球环境变化，在国际上越来越受到重视。如果海洋对二氧化碳等温室气体的变化发挥很大的作用，就必须努力解决这些问题。因此，关于海洋化学系统的数据，有必要完善分析者、方法、修正方法等元数据。

日本海洋数据中心从1993年开始，成为全球海洋通量共同研究的DMO（Data Management Office，数据管理办公室）。开展了对国内JGOFS相关研究人员取得的数据进行保管及促进流通的相关活动。这也是为了应对在1993年2月举行的日本学术会议 JGOFS 分会上得到认可的 JGOFS 数据管理方案。另外，从 1992 年到 1996 年，利用科学技术振兴调整费进行边缘海通量实验（Marginal Seas Flux Experiment ─ MASFLEX）。JODC 从 1995 年开始参与这项计划，总结计划中取得的数据，发行了数据集光盘（CD‐ROM）。目前，只有参加计划的人员可以使用，预计在一两年内进行公开。

通过这些活动，提高了对于数据管理重要性的认识，也提高了参与 JODC 的热情。这表明研究者之间将数据管理作为重要问题加以讨论的时代即将到来。

3. 地球观测信息网络（Global Observation Information Network ─ GOIN）

GOIN 作为 1993 年美国、日本两国首脑达成的"站在全球视角开展共同课题研究（共同议程）"中一项重要的内容，美日两国希望通过网络，密切交换地球观测相关信息。日本科学技术厅、美国海洋大气厅（NOAA）成为窗口，两国其他相关机构也参与其中。JODC 从 GOIN 刚开始时，为了推进海洋观测数据交换，积极地参与筹划，不断推进通过网络进行数据和信息交换。自 1995 年以来，与 GOIN 相关的研讨会在日本或美国举行，JODC 每次皆派人参加，发表和美国 NODC 的合作成果。GOIN 自身不仅以海洋为目标，它还以交换陆地、宇宙、大气等与地球环境相关联的广泛的数据及信息为目标。

在政府层面越来越关注地球环境的背景下，GOIN 促进观测数据交换这一主题，成为政府高层话题，并被作为具体政策加以推进，从这一点上来说，具有划时代意义。

4. 全球温度和盐度剖面计划（Global Temperature Salinity Profile Project — GTSPP）

在海洋物理系数据中，水温和盐分是海运、水产、天气预报及其他业务及研究的基础，所以，历来根据政府间海洋学委员会和世界气象机构（WMO）的共同项目 IGOSS（全球综合海洋服务系统）等来谋求促进数据流通。IGOSS 以全世界的海洋为对象，根据来自船舶的实时报告，收集水温、盐分、海流等观测数据。对于表层水温（BATHY）、水温盐分剖面（TESAC）等观测项目，以另外的形式，接收从船舶来的数据汇报后，通过通信线路，以实时报告的形式发布到世界各地。在日本，由气象局负责系统维护管理。JODC 负责对 IGOSS 收集使用的数据进行保管。

IGOSS 流通的水温等观测数据，基本上都是观测者没有经过处理而汇报上来的数据，其中有些观测值有很大误差，也有不少在流通途中混入了错误的数据。现在，对数据的实时性要求更强，数据的详细品质检查等被视为非实时基础工作。但是，现时代，要求将厄尔尼诺现象的监视、预报作为日常工作，在 IGOSS 收集的数据，也必须有快速的品质管理。过去，在 IODE 框架中的非实时品质管理，已经不能满足时代要求。因此，刚进入 20 世纪 90 年代，GTSPP 就出现了。在 IGOSS 数据中，特别是关于应用范围较广的水温和盐分数据，其中完成品质管理的数据，要在一个月以内进行流通，这在当时是很有挑战性的计划。

GTSPP 试行期间，大力进行了与实时品质管理方法相关的讨论及数据跟进监控。经过实践，得出了一个可能构筑完全符合要求的系统的结论。之后，从 1996 年开始，使用 GTSPP 这个相同的缩略语，继续推进全球温度和盐度剖面计划。由加拿大的数据中心实施实时品质管理，美国的 NODC 负责数据最终保管。

5. GOOS（Global Ocean Observing System — GOOS）及东北亚地区全球海洋观测系统（North East Asian Regional Global Ocean Observing System — NEAR‑GOOS）

海洋研究包括气候研究、沿岸海洋管理、污染防治、生物资源利用等内容。无论哪个方面，都有必要在全球范围内完善观测网，并加以维护。基于此认识，需要制订全球规模的海洋观测系统计划，即 GOOS。作为指导 GOOS 在全球运用的准备，制定了 NEAR‑GOOS（东北亚地区全球海洋观测系统），1997 年开始实施。包括日本在内的东北亚地区，运用 GOOS 模型，通过对结果和过程进行监察，明确了 GOOS 计划的现实价值，以期在运用时使问题点显露出来。日本近海存在以本国为中心的紧密的海洋观测网，虽然还没有达到 GOOS 最终目标的水平，但海洋观测网十分稳定。至少，就水温、海上气象、海流等而言，日本近海有着世界上最丰富的观测网。因此，即使不从观测网的设计、构筑重新开始，在数据流通方面，通过一些改善措施，也能使之成为 GOOS 的实践平台。

除了日本以外，还有中国、韩国、俄罗斯，共 4 个国家参加 NEAR - GOOS。主要通过 GTS 线路改善观测数据（海上气象、水温、海流等）在参加国之间的流通。实时数据库由日本气象局负责管理。如果要注册，可通过网络来使用观测数据。实时使用完的数据（从观测开始经过一个月的数据）称作延迟模式数据，数据库由 JODC 管理。虽说是延迟模式，但也只有一个月的时间差。和以往作为 IODE 的工作范围、从观测后两年到几年后提交到数据中心的一次性数据相比，性质完全不同。根据海洋数据管理时代要求，证明实时和非实时之间的藩篱可能被拆除。

（三）应对新的数据管理

海洋研究项目越来越国际化、大型化，海洋数据管理也要求新的应对措施。在若干个关键词中，对今后海洋数据管理具有特别重要意义的就是"数据流通的迅速性"及"品质管理"等。

1. 数据流通的迅速性

在全球海洋观测系统中，"timeliness"这个词被频繁使用。需要观测数据时，在规定时间内，理想的状态是及时、准确地传递数据。不仅是时间问题，对于数据还必须有精度要求。为了满足此项要求，GTSPP 及 NEAR - GOOS 被积极地加以推进。目前，在这些计划中，将水温、洋流等海洋物理数据作为对象，致力于确立迅速及时的数据流通机制。因为海洋物理数据对于通过同化模式把握预测海况是不可缺少的，所以要求流通迅速。但在现实中，有时候可能实现迅速交换的数据局限于水温、盐分及洋流等。

2. 数据品质管理

JODC 从设立之初就一直致力于基础性品质管理，也就是重复进行数据的删除、海陆判定、测定值范围检查等。而且，一直在和过去数据的统计值进行比较。但是，在最近的研究项目中，有要求品质管理更先进、更细致的倾向。

对接近实时数据的品质检查以及对最终保管数据的品质检查，本质是不同的。关于水温、盐分数据的实时品质管理，如前所述的 GTSPP 开发了标准方法（IOC，1990）。在全球温度和盐度剖面项目流通的水温及盐分数据，由加拿大数据管理中心对从船舶上得到的数据进行品质管理。

作为最终保管数据的品质管理例子，Levitus *et al.* (1994a，b) 的方法众所周知。以该方法为基础搜集的品质检查数据集（世界海洋图集）被公开。这些数据集不限于水温及盐分，也包含了溶解氧及营养盐等海水成分数据集，它们被广泛地应用在分析研究模型初期条件及边界条件上。作为以全世界海洋为对象所搜集的数据集，此数据集使用最广，也最受信赖。1998 年，出版了修订版的《世界海洋数据库》，但是，此数据集如果放在日本近海等空间规模看，如讨论黑潮发生前变动的时间、空间规模现象时，可能未必能提供满意的品质管理。在探索寻求气候值网格大小、海洋状况品质检查等方面，以全世界为对象的数据集是有限的。因此，对于那些以日本近海为研究对象的使用者，很有可能去寻找和 Levitus et *al.* 方法不同的品质管理方法。

除了以上要求，另有一种观点认为，除了测定简单且基础性数据的水温之外，科学性品质管理并非数据中心所要处理的课题。也就是说，数据中心致力于对数据的收集和保管，超过基本错误检查范围的品质管理，应该交给使用者。的确，数据中心过度的品质管理，反而可能造成信息损失。因此，JODC及各国数据中心，并不进行观测值修正。原则上，对于与品质检查相关的可疑数据，应贴上所规定的标志。这样就能将判断可疑数据是否为错误数据的任务交给使用者，判断所需信息就变得很重要。最近，元数据迅速被重视。元数据意味着"作为更高层次概念的数据"，但是应该引起注意的是，领域及场合不同，其内涵有时也不同。即使在海洋数据管理领域，有些指的是数据位置信息，有些指的是观测数据特征相关的种种信息。测点信息、与观测者相关的信息、与仪器相关的信息及品质检查级别等都包含在内。如果这些信息能够和观测值一起保存，直接向观测者询问可疑数据就成为可能，也能够确认当时观测仪器修正状况及用于修正的标准试样的内容等。鉴于此，元数据就可以定义为为了事后再现取得观测值时的必要信息，这样更为妥当。

3. 设立海洋信息研究中心

关于"数据流通的迅速性"、"品质管理理念"，用理想状态去讲述它的必要性是很容易的。但现实情况是，NODC 的大部分工作在于收集和整理每天得到的数据。而且，事实上，JODC 不可能经常配备进行科学品质管理的专家。因此，为了切实满足新的海洋数据管理要求，1997 年，在日本水路协会中设立了海洋信息研究中心（Mrine Information Research Center — MIRC）。在 MIRC 中有数名常驻海洋学专家，对于 JODC 保存的海洋数据，以科学知识为背景进行品质管理、制作数据集、确立通过网络向研究人员及海洋开发研究人员迅速提供数据的体制。MIRC 填补了日益增大的海洋研究的要求与各国数据中心现状间存在的差距，受到 IODE 相关人员的关注，今后的发展值得期待。

4. 应对高分辨率数据

JODC 成立时的海洋观测，主要是使用南森水质采样器的各层观测。一次观测中使用的水质采样器最多几十个，观测数据（盐分、溶解氧、营养盐等）在垂直方向呈分散状态。这样的数据，很自然地将被采水层的深度及标准层作为一个单位进行管理。同时，对使用者来说，更便于操作。作为水压函数，通过模拟，从记录水温构造开始读取标准层的水温值，作为观测表层水温的方法，到 20 世纪 70 年代，机械式 BT（Mechanical Bathy Thermograph）被广泛使用。其数据和各层观测一样，在标准层被整理出来。就标准层而言，通常使用国际海洋物理科学协会（IAPSO）的数据，表面如 10、20、30、50、75、100、125、150、200 米，随着深度的增加，层间间隔扩大。

从 20 世纪 70 年代中期开始，抛弃式深水温度计取代机械式 BT，到了 20 世纪 80 年代，温盐深仪（CTD）取代各层观测成为水温、盐分等的观测方法，成了标准的探测仪器。CTD 在垂直方向，以数字形式产生几乎是连续性的水温数据，能够得到垂直方向的高分辨率观测值，这是各层观测所无可比拟的。为了防止 CTD 数据损失，希望数据中心积极应对高分辨率数据。JODC 也制成 CTD 用数据格式，做好接受 CTD 数据的准备。现实中，CTD 高分辨率数据的提交数量少，从 CTD 观测的数据来看，提取"标准层"数据依然是主流。据说 XBT 数据是从模拟记录纸数据读取标准层值。机械式 BT 时代处理持续到现在，到 20 世纪 90 年代，XBT 用 A/D 转换器越来越普及，垂直分辨率高的数字数据正在成为主流。就算是对于传统的高分辨率的 XBT 数据，原则上，JODC 能够进行相应的数据处理体制，然而目前为止几乎没有取得什么实际成果。随着 CTD 及数字 XBT 的普及，JODC 有必要致力于 CTD 及 XBT 高分辨率数据的收集和管理。

关于洋流，GEK（Geomagnetic Electro Kinetograph）以前是主力测量仪器，即使采取紧密的观测方式，也只能以 20—30 千米间隔取得洋流数据，在垂直方向也仅限于表面流动。20 世纪 80 年代后半期开始，迅速普及的 ADCP，因为搭载 ADCP 船舶，可在航行中取得水平方向 1—2 千米间隔、垂直方向多层流速，拥有 GEK 无可比拟的分辨率。20 世纪 80

年代中期，海上保安厅水道部作为实施海洋观测的机构，在世界上率先引进了 ADCP 来代替 GEK，成为标准测量仪器。1997 年，近 100 艘测量船、巡视船装载 ADCP，每年收集超过 20 万个流速数据。为了有效管理这些数据，ADCP 从 1989年开始收集数据，可以说，对于高分辨率海流数据，已经完全具备了接受条件。

(四) 丰富数据

收集和管理海洋数据的机制，在国际及日本国内大致得以确立。JODC 不失时机地大力宣传防止海洋观测数据流失及向数据中心提交数据的重要性。但是，现实中数据收集的状况并不尽如人意。理由之一在于数据管理者方面公关宣传不足，在过去和研究人员的对话中时常会感觉到这一点。正因为如此，要在本书中详述 JODC 成立的原委及活动内容。

研究者的优先权

站在数据生产者的立场，轻易公开好不容易取得的观测数据，他们在心理上有抵触是可以理解的。关于研究成绩，在海洋学者的世界，竞争原理起作用也是理所当然。他们按照自己制订的观测计划，取得观测数据。所以，必须承认研究者拥有某种程度的优先使用权。虽然如此，但如果一直不公开数据，就等于没有进行观测，结果使研究者的辛苦没有作为人类财产得到有效利用。WODC 权衡研究者的优先权和公共利益，规定在很多观测项目里，研究者优先使用期间为两年。数据的公开时期，也采用国际承认的标准。

当然，使用期间会因为项目不同而不同，像 WOCE CTD 精密观测，在讨论精确度为 0.001 度的观测时，观测后的校对很费时。因为数据处理也需要细心，所以观测后在一定时间内承认研究者优先使用权，由于制作准确的数据集本身就费力、费时，所以有人指出两年时间太短。另一方面，像 XBT 测量的水温数据，GTSPP 以一个月为尺度进行品质检查，以更接近实时形式公开数据，这正在成为国际性潮流。从研究者方面看，现在已经不是凭一次 XBT 水温观测就能写论文的时代了。相反，为了分析和构筑模型，研究者们主张必须进行更迅速的数据流通。

数据提交规则 1（科学研究数据）

对于超过研究者优先使用年限的数据，在数据分析结束后，观测者对达到预期目标的项目不那么关心了，继而将兴趣转向下一个观测设计，这本身也无可厚非。因为 JODC 数据收集依赖观测者的自主性，对生产者来说，向数据中心提交数据，需要较高的自觉性，因此，他们容易拖延也是情有可原。

解决这个问题的一个方法是，在实施研究项目时，将取得的海洋观测数据在规定的期限内提交数据中心。关于这一点，事先在项目参加者之间达成一致意见。关于数据政策，包括向数据中心提交数据，最好有明文规定。例如，科学技术厅推进的黑潮开发利用调查研究，规定参加机构在这个项目中取得的水温、盐分等观测数据，原则上一年以内送到 JODC，数据收集率极高。把收集的数据汇总，以数据报告形式回馈给参加机构，这是 JODC 的责任和义务。

美国国际科学基金会（National Science Foundation —NSF）给研究人员支付研究经费时，在研究合同中，要求将取得的观测数据在一定时间后提交到数据中心，此规定已经深入到美国研究人员的心中，成为美国 NODC 数据收集最强大的伙伴。到规定期限不提交数据，虽然不会受到特别的罚款，但会影响到下次研究经费的申请。因此，每个研究人员都认真遵守这个规则。在日本，如果在审批科学技术振兴调整费及文部科学省科学研究费时确立此项规定，向数据中心提交数据将得到极大改善。虽然短时间内很难将其制度化，但是这是目前应该讨论的课题。加上前面提到的研究者优先权，在研究者之间，如何公开海洋观测数据，有必要对明确数据政策方向进行讨论。

数据提交规则 2（沿岸环境数据）

最近，人们强烈认识到将海洋观测数据公开的必要性，在前面提到的国际共同研究计划中，确立了数据公开原则。另一方面，将目光转向日本国内，各种机构以各种目的实施的沿岸海域环境调查、环境评估数据，在数据公开上，可以说非常消极。当然，作为从事海洋数据管理的研究人员，是否积极地收集这些数据、是否尽最大努力推动数据公开，对此应该进行反省。但是，笔者认为这样的数据公开，存在很大的障碍。

在日本沿岸海域，国家机关、地方自治体、电力公司等企业，为了各自的目的，进行海洋调查和观测。这样的调查，有的是各个机关自行实施，有的是委托给调查委员会来实施。大型项目在筹划、实行之前，一定会对海洋环境进行调查。取得的数据，由调查公司或企业实施主体进行分析，成为评估资料。遗憾的是，在实现预期目标后，很少有公司会为了再次利用而整理这些数据，也很少会将其用便于使用的形式进行保管。有的以调查报告等形式公开信息，但是很少有公司积极公开观测数据。这里，除了上述的确保研究者优先使用权外，还存在以下几个问题。

第一，沿岸环境数据，其观测实施者和观测数据持有者几乎都不同。例如，国家机关委托调查公司进行调查，委托调查结束后也保管着观测数据的情况很多，一定时间内，存在熟知调查内容的负责人想要公开数据就必须得到外包商许可的情况，调查公司不能仅凭自己的判断将数据公开。那么，订购方如何呢？因为他们没有直接参与调查，很少掌握观测数据的详细情况。而且，行政机关的人事调动频繁，令人感到遗憾的是，行政机关很少会从专业角度把握某个观测数据的性质和内容。因此，一般认为，即使是积极进行数据公开的机关，对个别情况也难以进行准确判断。

第二，数据公开耗费大。在很多机关，对于此类活动并不是十分了解。现在是信息公开的时代。但为了准确进行信息公开，有必要对应该公开的信息及数据进行认真管理。对数据生产者来说，"数据管理"是一项无法让他们直接感觉到成就感的工作，特别是在私人相关调查企业，大都认为这是投资大而效果小的工作。前面提到"对数据公开活动了解不充分"，但还不如说，包括民间的各个数据保存机构，正因为充分了解了数据管理和公开的本质，各机构才迟迟不肯公开数据。

第三，在信息公开的潮流中，关于沿岸环境数据，应该逐渐把公开当作原则。今后，对数据公开的要求，要寻求正面回应。为了使在各处保存的数据及信息能够得到公开，必须对数据进行整理和保管。海洋数据管理，对各个机构来说，如果成为困难或巨大负担，就应该探讨如何发挥专门负责海洋数据管理的 JODC 功能的政策。环境调查取得的观测数据，保留一段时期之后提交数据中心，如果确立这样一种规则，将来不仅可以防止数据丢失，同时，还可以消除数据公开给数据提供者产生的负担，数据通过公开而成为资产。

数据生产者的功绩

数据管理者也需要付出努力。在向数据中心提交数据的研究人员中，我们常常会听到这样的声音："不知道怎样提交数据。"JODC 并不要求以特定格式提交数据，"只要记载充分，不管什么样的格式都可以"。如果包含了所需最低限度的元数据信息，一般说，格式问题交给提交数据方就可以了。但是，不能否认的事实是，人们对这件事并不十分了解。为此，JODC 正在计划制作发布数据提交用的宣传册。另外，为了尽量减少数据提交的时间，预计不久将在主页上运用在线数据提交工具。

另外，相关机构有必要抓住各种机会宣传把数据提交到数据中心的优点，使这些优点深入人心。数据管理是一件朴素且费工夫的工作。对于研究者来说，将取得的数据放在手头自己管理，若数据量增大，就会成为很大的负担。因为不是仅靠保管和管理数据就能出研究成果的，这样会降低工作的优先顺序。这样下去，数据的详细内容会变得越来越不清楚，数据流失也会越来越严重。即使还没有到这一步，长期保存，磁带变旧，有可能增加读出错误，或完全读不出来。所以，结果可能会导致数据丢失。数据中心的业务就是数据保管，为了防止数据丢失，需要非常细心。JODC数据文件，保存了两个以上的备份，东京以外也有备份保存。之所以这么考虑，是因为即便东京的文件因灾害丢失，也能够恢复。而且，最近因为网络环境得到迅速改善，数据中心的数据随时可以取出。如今，数据中心不仅叫以作为公共数据仓库，也可以作为个人数据保管库使用。

数据中心活动的普及

希望这篇文章能够帮助人们对数据中心的活动加深一些了解。为了使珍贵的数据不被丢失，保管的工作非常重要，有必要通过各种机会，普及人们对于数据中心活动的相关知识。

JODC所长每年都会呼吁相关机构及大学开展一次"海洋

资料交换国内联络会"。联络会上，报告国际性的 IODE 动向及 JODC 活动。同时，听取数据生产者及使用者的意见。另外，通过发布 JODC 新闻，努力普及知识。以海洋学专业学生及大众为对象开展普及活动，不过这样的活动目前为止并不多。前面曾介绍过的 MIRC，就是把"海洋数据向大众的普及、启蒙"活动作为主要活动之一。另外，从扩大专家视野这一观点出发，有必要在海洋学的本科及研究生课程里，增加有关海洋数据管理的内容。

数据中心的活动，不为人们所了解的原因之一是缺乏"海洋数据管理"文献。还不能说数据管理作为一种技术已经得以确立，与此相关的论文及文章，几乎没有机会登载到主要期刊上。最近有的期刊愿意受理关于地球观测数据管理技术开发及新数据集制作等内容的论文。如果此举成为现实，研究人员和技术人员之间对于数据管理活动的认知会越来越深入，这一点值得期待。

二、数据公开制度的确立——生物信息公开

生物过程分析及预测自不必说，在实施有效的渔场和渔业资源学研究及环境影响评估时，对于规划海域及周边进行事先调查，例如了解这些地区过去进行过什么样的调查、得到了什么样的生物数据，是非常重要的。把过去的调查结果和新的调查结果进一步进行比较，以期使评估更加充分。

在日本，对于海洋生物的观测和调查由来已久。从水产

渔场学、海洋气象学到沿岸海域利用，以保护环境为目的展开过各种观测和调查。很多机构进行观测和调查时，存储的数据变得很庞大。在这些数据中，水温、盐分等物理和化学数据很早就作为海洋信息处理，但生物学方面的数据长期被忽视。

JODC 从 1987 年开始收集和管理海洋生物（浮游生物）数据，旨在公开并有效地利用数据。但是，迄今为止，在实际调查研究时，研究人员虽然会使用过去公开发表的研究报告，但在分析他人得到的生物数据并将其运用到自己的研究，或者在研究结束后将自己的数据公开，以供第三者使用等方面却很消极。虽然已经认识到信息公开的意义和作用，但不得不承认，在研究人员这一层次，信息公开才处于刚刚起步的阶段。

笔者想基于 JODC 过去十年脚踏实地的工作，说明一下生物信息收集及使用的现状和存在的问题，并对日本生物数据的管理建言献策。

（一）对生物数据的期待

数据生产者和使用者是不能截然分开的。生产者（研究机构、研究者、社会工作者）变成使用者的情况，在项目推进过程中经常发生。JODC 曾对两者进行过问卷调查，在此基础上，以植物浮游生物、动物浮游生物（卵子、幼鱼）、底栖生物为对象，列举了高需求的生物数据（表6）。

表6 高需求的海洋生物数据

数据种类	需求程度	需求高的数据项目	
		使 用 者	提 供 者
植物浮游生物	A	现存数据目录 观测点环境数据 计算得出的浮游生物组成及生物量 主导品种测定值 主导品种及特定品种分布图 生物量分布图	现存数据目录 观测点环境数据 计算得出的浮游生物组成及生物量 出现品种资料 容积、湿重量测定值 繁殖、生活史、营养等生态资料
	B	出现品种资料 特定品种测定值 类似度指数 繁殖、生活史、营养等生态资料	植物色素量测定
	C	容积、湿重量测定值 植物色素量测定	主导品种及特定品种分布图 生物量分布图
动物浮游生物·卵子幼鱼	A	现存数据目录 观测点环境数据 出现品种资料 计算得出的浮游生物组成及生物量 主导品种测定值 主导品种及特定品种分布图 生物量分布图 食性、繁殖、生活史、营养、昼夜运动等生态资料	现存数据目录 观测点环境数据 容积、湿重量测定值 出现品种资料 食性、繁殖、生活史、营养、昼夜运动等生态资料

数据种类	需求程度	需求高的数据项目	
		使　用　者	提　供　者
动物浮游生物·卵子幼鱼	B	容积、湿重量测定值 特定品种测定值 类似度指数 多样度指数	计算得出的浮游生物组成及生物量 生物量分布图
	C	干重量 生产量分布图	主导品种及特定品种种类分布图
底栖生物	A	现存数据的目录 观测点环境数据 容积、湿重量、个体数测定值 出现品种资料 湿重量的底栖生物组成 主导品种测定值 多样度指数 主导品种及特定品种分布图 生物量分布图 繁殖、生活史、营养等生态资料	
	B	计算得出的底栖生物组成 特定品种测定量 类似度指数	现存数据目录 观测点环境数据 容积、湿重量、个体数测定值 出现品种资料 计算得出的底栖生物组成 生物量分布图
	C		湿重量、底栖生物组成 主导品种及特定品种分布图 繁殖、生活史、营养等生态资料 生物标本

通过表 6 就知道生产者和使用者对于《现存数据目录》的需求很高。并且，使用者不仅仅需要一次信息（原数据），也需要二次、三次信息（加工分析数据、优先品种和特定品种分布图、类似度、多样性等）。相对于二次、三次信息，生产者对一次信息的需求更高。这可以反映出使用者重视数据的可靠性。

海洋生物数据流通的特色，主要是专家对观测数据和文献进行分析、编集。使用者通过追溯原始记录而得到数据的情况似乎很少。

保管海洋数据，输入数据提交用的共同样式（输入用格式）被认为是有效的方法。但是，根据对海洋生物数据格式必要性进行调查的结果看，虽然认同其必要性，但研究目的和方法多样化，仅仅以单一的形式无法应对，或者输入需要花很大工夫，挤占了研究时间。因此，从现状看，大多数意见认为存在很多困难。但是，多数人认为这是因为生产者对于数据处理及公开的了解不够造成的。生产者并没有意识到观测、测定项目统一及标准化与数据银行数据输入的省力及正确性是紧密相连的。笔者认为，为了减少错误的数据解释及记录失误，希望将来原始数据和数据提交样式格式化。

向 JODC 进行的海洋生物数据的咨询和提供资料的要求与日俱增，对此，目前正开展窗口咨询及提供资料的服务。目前提供以下数据项目：植物浮游生物、动物浮游生物、底栖生物以及其他数据。信息来源主要是已经发行的气象厅、各县水厂试验场、国立水厂研究所的报告，大学和研究者个人向JODC提供的生物资料很少。另外，环境评估数据属于相关工程方（官厅公共团体、电力公司居多），信息提供不足。关于如何对待取得的数据，目前，社会上还有许多不明确的地方。研究者和工程方之间需要进行一场认识革命，就是说，所有自然环境的数据属于公众所有，而通过人为力量得到的数据，在研究活动和工程完成之后，需要登录到JODC等公共机关的数据库然后予以公开。登记生物数据数量的不足，导致信息量提供的不足，于是使用人数增长缓慢，从而形成恶性循环。

（二）生物数据特殊性

很多生物数据，与水温、盐分等能够通过测量工具实时得到的物理、化学数据有本质上的不同。第一，对于湿重量和个体数（细胞数）、密度测定，生产者需要花费精力和时间，只有具有经验和知识的人才能做到。不可否定的是，得到的数据归属调查机关和负责人，这也是理所应当的。即使理解了信息公开的意义，生物数据的提供也需要数据生产者更多的配合。延长提供的期限，以保证研究发表之前有充足的时间，数据使用者有义务记录数据测定者与确定者的姓名，以此作为对数据提供者辛劳的回报。第二，生物数据中，像叶绿素量这样能够用机器测定的情况很少。而且，有些数据很难用记号和数字标记。第三，观测、采集方法及分析方法存在众多选择，除了标准化方法之外，也常常进行实验性的尝试。因此，观测和测定技术的好坏自不必说，由于方法不同，得到的数据，其数值意义也不同。各种层次的数据提供到数据库之后，现在的 JODC 体制，还无法对其所有内容进行正确的解释，也无法对其品质进行管理检测。

由于海洋生物数据的特殊性，即使积累了很多数据，还是无法满足使用者（特别是研究者）的需要。注意到了这一点，在进行数据保管时，需要通过丰富包括调查（采集）方法、分析方法、分类确定者姓名等在内的详细元数据，以完善使用者将第三者数据用于自己研究的环境条件，这一点是极其重要的。

（三）海洋生物数据流程

各机构所提供的海洋生物数据，经 JODC 统一编码，登记到数据管理系统进行管理。有关数据管理，设置了海洋生物数据管理委员会。该委员会在海洋生物数据的收集、管理、提供方面提供建议。同时，调查国内外最新海洋生物分类体系，在专家的协助下，修订生物分类编码。

编码以日本近海出现的所有浮游生物（包含卵子、幼鱼）为对象。1997 年前登记的类群数分别为植物浮游生物 2 364，动物浮游生物 3 358，鱼类浮游生物 5 012，共 10 734 种（表 7）。1997 年决定增加底栖生物，具体工作正在准备之中。

表 7　JODC 的各等级编码数

编　　码	门	纲	目	科	属	种	亚种	总计
植物浮游生物编码	3	18	93	162	499	1 470	119	2 364
动物浮游生物编码	27	70	279	368	837	1 738	39	3 358
鱼类浮游生物编码	2	3	51	309	1 318	3 255	74	5 012

JODC 格式化

JODC 的海洋生物格式化，由 1）Master record（测点位置、时间记录）；2）Gear record（采集、处理法记录）；3）Total haul record（全生物量记录）；4）Removed organism record（去除生物记录）；5）Identified organism record（种类别记录）组成。Master record 和 Gear record 所表示的各项目信息，即元数据。

有关海洋生物（浮游生物）数据元数据，联合国教科文组织的报告（Unesco，1966），提出了理想的项目列表。其中，有关生物种类分类，虽然提出需要将分类者姓名及分类所用参考文献列入元数据，但 JODC 并不认为这是必需的。其他项目，则全部包含在 JODC 格式化项目中。

种类别记录管理

生物的种类数庞大，报告形态也分学名（类群名）、日文名等。其使用与分类也需要专业知识。另外，调查由很多机构进行，数据录入方法也各不同。

JODC 对于这些问题，将采取以下对策。

1. 对于生物名称，取固有名称代码，名称本身并不能处理数据，而是由名称代码处理。另外，各种生物都有根据七个生物分类学位置（门、纲、目、科、属、种、亚种）所决定的分类代码。制作出显示生物名称和名称代码及分类代码三个相应项的代码主盘。

2. 为了输入格式的统一，制作能够对应各种调查数据的转记纸（JODC 格式），将转记到该纸上的数据输入。之后，将输入的数据转换成更容易使用的形式，做成生物数据主盘，以这样的格式积累数据。

以上两项对策及依此制成的生物代码主盘和生物数据主盘，是本系统的特色所在。关于以下代码，虽然有过详之感，但这是只有生物数据才拥有的一大特征，而且这种管理方法今后也会得到改良，以下从岩田等（1987）和 JODC（1987）研究中摘录部分内容加以说明。

1. 分类代码

分类代码如下图所示，由 14 位数字构成，门或纲等各等级被分别给予 2 位数字。这种分类代码能够对应类群名。根据此代码，能够很容易地理解类群名的层级关系。但是，现行代码一级只能输入 2 位数值。等级超出 100 种的情况下，就需要重新修改这种录入方法。

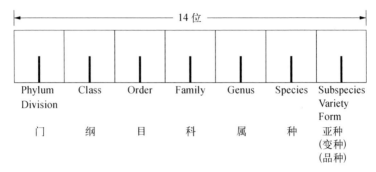

| 门 | 纲 | 目 | 科 | 属 | 种 | 亚种
(变种)
(品种) |

2. 名称代码

名称代码与生物分类学中的位置无关，它是与名称（学名、日文名等）一对一的对应代码，由5位数整数构成。这种代码可以作如下说明。

（1）为了将观测表中数据变成电脑读入数据，需要将录入到观测表的生物名转换为分类代码。这时，因为分类代码位数过多，要将其转换为位数较少、与生物名一一对应的名称代码，在电脑上转换为分类代码，这样可以得到事半功倍的效果。

（2）一种生物存在两种以上名称的情况下，给予这些名称同一分类代码。但是，一旦转换为分类代码后，观测表上记录的名称就不明确了。因此，需要再现生物数据所记录的文件与观测表几乎没有差异的生物的名称时，根据此名称代码，能够知道观测表记载的是哪一个名称。

（3）现阶段分类还不十分明确的生物种，有时会发生分类变更。如果某种生物被归入同物异名，两种名称分类代码统一后，又被判断为非同物异名，可能发生不能再现之前观测表中记载的名称的情况。如果将名称代码记录在文件中，就能解决这样的问题。

分 类 代 码	名　　　称	名称分类编码	分类等级
21	PHUCOPHYTA	00013	门
2109	BACILLARIOPHYCEAE	00099	纲
210903	BIDDULPHIALES	00106	目
21090302	CHAETOCERACEAE	02172	科
2109030201	CHAETOCEROS SP.	02173	属
210903020114	CHAETOCEROS AFFINE	02192	种
21090302011401	CHAETOCEROS AFFINE V. CIRCINALIS 02193 亚种（变种品种）		

为了便于看清上图所示分类代码，所表达分类层次以下的代码，作为空白，实际上以 0 来填补。

3. 同物异名、日文名、英文名及幼体名处理

在报告某种生物观测结果时，有时不以类群名，而以日文名或英文名报告。另外，也有同一生物以不同学名报告的同物异名的情况。但是，这些都是同一生物名称，被给予同一分类代码。此时，对于各种不同名称就应该给予不同的名称代码。

所以，相对同一分类代码，就会存在数个名称。但是，该生物要有唯一的类群名。因此，在数个名称中，就必须决定哪个作为与分类代码一一对应的类群名。因此，准备好判定类群名的记号（名称标记），名称标记为空栏的作为类群名，名称

标记为 S 的不作为类群名。

分类代码	名称标记	名　　　称	名称编码
2109		BACILLARIOPHYCEAE	00099
2109	S	DIATOMS	00100
210404010401		NOCTILUCA	02607
210404010401	S	NOCTILUCA ACINTILLANS	02608

有关幼体，并不在本代码体系处理范围。但是，当有某种生物幼体的报告时，多数情况下并不一起报告该生物的学名与幼体名，而只报告幼体名。因此，在只报告幼体名的情况下，给予从幼体名判断的分类代码。此时，因分类代码只能表示七个基本等级，代码化等级以外的等级与幼体名对应时，给予代码对象最接近上位的分类代码。另外，为了判断该名称就是幼体名，名称标记为 L，在名称前用 "LARVA"。

分类代码	名称标记	名　　　称	名称编码
70		ECHINODERMATA	01361
7005		ECHINOIDEA	01397
7005	L	〈LARVA〉ECHINOPLUTEUS	09093

4. 亚门、亚纲

七个基本等级外等级（例如，亚纲、上科等）利用频率较高。只是，所用类群名及汇总该类群名更上位的类群名，不能作为同一等级采用。下例中，采用 CEPHALOCARIDA 亚种

时，包括该亚种的 CRUSTACEA 纲，在分类代码纲一级中就
不进行代码化。

分类代码	名　　称	分类等级
64	ARTHROPODA	门
6403	PYCNOGONID	纲
6404	CEPHALOCARIDA	亚纲
6405	BRANCHIOPODA	亚纲

（BRANCHIOPODA 和 CEPHALOCARIDA 属 BRANCHIOPODA 纲）

如上所述，特别是可以用分类代码表示的等级以外的类
群，即亚×、上×等，以该类群最下位等级分类代码表示，名
称标记为 S。

分类代码	名称标记	名　　称	名称编码
641114	S	DECAPODA	01166
64114	S	ANOMURA	01609
64114	S	BRACHYURA	01611

分类不明种类

对于分类不明种的生物、无法断定生物分类学位置的生物
（比如，不明种卵等的报告），门等级代码处为"99"。

5. 生物代码文件格式

为了能够在电脑上使用代码，需要进行数据处理。文件格
式如下所示。包括分类代码、名称编码、名称标记及名称等项

目，将此称为生物代码文件。

项　　目	列	内　　容
名称编码	1－5	00001－99999（整数）
分类代码	6－19	10000000000000－99999999999999（整数）
名称标记	20	空栏：类群名，S：日文名、同类等，L：幼生名
名　　称	21－75	类群名，日文名，英文名称，幼生名

（1）门、纲、目分类代码表

此表只选出门、纲、目的名称（即分类代码中，科以下代码为0），按照分类代码顺序进行替换。表形式如下。

分　　　　类	名　　称	分类代码
PCOFG	CODE	P O C F G S S
PHYCOPHYTA	00013	21
（＝ソウシヨクブツモン）	00014	21
（＝ビサイベンモウチユウルイ）	01618	21
RHODOPHYCEAE	00015	2101
（＝コウソウコウ）	00016	2101

（为了便于辨认，省略了"00"。）

（＝）内名称为日文名，表示与上述类群名相同的名称。另外，个别情况下，也表示该分类未表达的等级或与其相对应的名称（如亚门和上纲等）。而且，同样记载了各种类群的幼体名。

（2）名称编码顺序代码表

把迄今为止代码化的全部名称，按照名称代码顺序排列，如下表所示。

名称 代码	分类代码	名称 标签	名　　称
NAME	TAXINIMIC CODE		
CODE	P C O F G S S	F	AXON/COMMON NAME ETC.
01097	64070000000000		COPEPODA
01098	94070000000000	S	KAIASHIAKO
01099	64070100000000		CALANOIDA
01100	64070100000000	S	KARANUSUMOKU

（四）关于"海洋生物数据管理"的提议

从日本海洋生物数据管理看，国家机构所采用的方法五花八门。仅就海洋生物来说，渔业数据由水产厅管理，珊瑚类及海鸟数据由环境厅负责，而浮游生物数据由 JODC 管理。至于超数据及生物编码，除了 JODC，大学及环境调查公司也是使用各自的数据，使用的分类群多种多样，且更新的方法也各不同，所以难以期待数据的互换。因此，当务之急是必须加紧制作显示何处有哪些生物数据的目录及超数据的标准化。

JODC 的活动有必要在日本国内进行大力宣传，确保海洋生物研究人员都了解海洋生物数据管理系统的现状。JODC 中几乎没有生物专家的席位，这也是阻碍该活动的主要原因。为了贯彻 JODC 生物编码，对于图鉴、海洋、水产类学会杂志及调查公司报告书中所有生物名，都进行 JODC 编码记载，这或许也是方法之一。将来，可以考虑与 IT IS 的合作。目前，为了顺利实现 NODC 与 JODC 生物数据交换，有必要提高两者生物编码转码的软件开发水平。

对于生物编码，国家各相关机构、学会及民间企业须积极参与，商讨制作日本动植物编码及可信度高的分类学信息数据库。今天，关于生物多样性条约与地球变暖问题，围绕生物数据，正在开展若干个国际性计划（例如 Species2000 或 Global Coral Reef Monitoring Network）。如果安于现状，这项项目的应对、国内的数据管理，将会带来巨大的费用及人力浪费，也会导致管理混乱。

（大森信）

第三节　环境评估研究组织

现在的环境问题，从身边的"垃圾、大气污染及水质污染、环境激素等"问题到"地球变暖、臭氧层破坏、珍稀物种的灭绝等"全球规模的环境问题，在时间和空间上跨度都是非常大的。要解决这些环境问题，就必须尽快改变社会体系及价值观，明确应对科学课题的方法及对策技术开发的方向。其宗旨正如各自治体根据环境基本法所制订的环境管理计划中所述，解决环境问题，需要地区居民、专业人员、企业及管理企业的行政部门团结合作。其中，在获取环境评估不可缺少的信息与制作报告书时，相关专家及企业顾问必须联合起来。此"联合"与环境工程内容的正确与否及替代方案的制定关系密切。

过去人们只关注开发行为本身的"程序上、形式上的评估"，并没有充分了解兼顾地区性及时间、空间规模而作出的环境影响评估内容。结果是，委员会及审议会成员并没有充分履行其职能就实施了一些开发计划，导致了信息公开不充分，造成专家、行政单位不能对未来沿岸环境及管理发挥其应有的作用。美国一直致力于解决环境问题，如第三章所述，他们根据《国家环境政策法》制定目标，在环境影响评估报告书中，提出了"提案行为对环境产生的影响，对环境产生的不可回避的恶劣影响，替代方案，环境的局部短期利用与生产性长期维持、提高的关系，开发引起的资源消失"等诸多问题。作为总统的独立咨询机构，设置了环境咨询委员会，其功能是制定该委员会实施方针，并根据信息公开法公开环境信息。另外，在荷兰，EIA作为一个独立机关，他们在环境影响评估报告书的审查阶段，对每个案件，从专业、科学的立场提出替代方案，其职能和责任是非常明确的。

在日本新的"环境评估"中，因为没有明确由专家集团确立责任的体制，所以为了提高环境评估结果的可信度及客观性，必须明确专家的职能。因此，希望今后的"环境评估的商讨组织"，具体围绕以下内容开展。

一、关于环境评估信息（相关资料、议事录等），基于国民知情权进行公开。没有此条则不能保证商讨的严肃性，而且，重要的信息也无法留存于世。

二、评估报告必须是专家商议汇总的结果。参与商议的委员会必须承担起责任，客观地向经营者、居民、行政人员等提供信息。专家作为委员理应承担其责任。

三、在程序及计划审查阶段，委员应该参与个别的课题协调委员会，设想会产生什么影响、对此应做怎样的评估，努力制定项目及评估的优先顺序。因此，过去一年中只召开几次委员会审议远远不够，还要进行委员以外的专家意见交换、召开学习会，以保证有足够的讨论时间。

四、"解决环境问题"已成为 21 世纪重要的社会课题，具有十分重要的地位。专家们为了发挥更大的作用，应积极参与讨论相关议题，今后，商讨材料的时间应该作为其所在工作单位"公务·业务的一部分"，作为"工作内容"进行评价。

五、对于科学性的总结，作为专家组，各学会应该在将过去的成果还给民众的过程中发挥重要作用。因此，首先由学术会议积极推动，制作相关学会专家名簿，用网站主页等方式向国民进行宣传。另外，根据评估项目的内容，相关学会建立相应的"环境影响评估联合学会"组织加以应对。

（石川公敏　风吕田利夫　佐佐木克之　川端康夫）

参考文献

1・1

新舩智子・石井保治・荻原弘次・小倉紀雄 (1991)：木炭による水質浄化実験とその評価用水と廃水，**33**，993 - 1001.

アメリカオーデュボン協会 (1990)：アメリカオーデュボン協会ニュース．

府中市 (1994)：酸性雨調査の記録―市民による酸性雨調査 3 年間の記録，79p.

GREEN (1997)：GREEN ニュース，Vol. 9，No. 3.

加藤文江 (1988)：浅川周辺住民の手づくりの河川浄化―木炭による浄化の実験から．水質汚濁研究，**11**，24 - 26.

身近な川の一斉調査実行委員会 (1996)：身近な川の一斉調査報告書．176p.

日本化学会・酸性雨問題研究会 (編) (1997)：身近な地球環境問題―酸性雨を考える―．コロナ社，220p.

小倉紀雄 (1987)：調べる・身近な水．講談社，161p.

小倉紀雄 (1988)：簡易法による水質測定結果の評価．人間と環境，**14**，20 - 23.

小倉紀雄 (1991)：身近な水を調べる：市民による環境監視ネットワークの重要性．家庭科学，**58** (3)，11 - 18.

小倉紀雄 (1992)：きれいな水をとりもどすために―市民環境科学の誕生．あすなろ書房，197p.

小倉紀雄 (1994)：大学・社会における環境教育と環境学習．水環境学会誌，**17**，713 - 717.

関　正和 (1994)：大地の川．草思社，247p.

TAMAらいふ21 協会 (1993)：湧水崖線研究会報告書．230p.

1・2

清水　誠 (1997)：東京湾の漁業．海洋と生物，**19**，98 - 102.

2・1

馬場典夫（1993）：JOIDES パソコン通信による海洋情報交換システム．
行政とADP，**29**，16‒23．

IOC（1990）：GTSPP Real-Time Quality Control Manual，IOC Manual and
Guide，**22**．

IOC（1991）：Manual on International Oceanographic Data Exchange，IOC
Manual and Guide，**9**．

石井春雄・道田　豊・岩永義幸（1997）：海の変動と観測．日本造船学
会誌，**819**，648‒659．

JODC（1994）：国際海洋データ・情報交換マニュアル，JP013‒94‒
1，82pp．

JODO（1970）：国際海洋資料交換便覧（改訂版），83pp．

Levitus，S. and T. P. Boyer（1994a）：World Ocean Atlas 1994，Volume
4：Temperature，NOAA Atlas NESDIS，**4**，117pp．

Levitus，S.，R. Burgett and T. P. Boyer（1994b）：World Ocean Atlas
1994，Volume **3**：Salinity，NOAA Atlas NESDIS，**3**，99pp．

道田　豊（1988）：海洋環境情報の整備．季刊環境研究，**70**，116‒123．

Michida，Y.（1997）：Activity of the Japan Oceanographic Data Center，
'What is expected of Marine Science in Japan：Contribution of Marine
Science to the Pacific Societies'，Special Issue of "Umi no Kenkyu"，
The Oceanographic Society of Japan，17‒23．

Nagata，Y. and Y. Michida（1997）：New Strategy on Oceanographic Data
Management in Japan‒Establishment of Marine Information Research
Center‒，Symposium on Ocean Data for Scientists，Dublin，Oct.
14‒17．

谷　伸（1995）：WOCEデータ管理の進展と転進．月刊海洋，号外 9，
17‒24．

2・2

岩田義康・中野　務・吉田雅哉・村井繁夫（1987）：プランクトンデー
タのコンピュータ処理に必要な生物分類コードの作成．日本プラ
ンクトン学会報，**34**，193‒198．

JODC（1987）：The management system of marine organisms data. Program manual. 359pp.

Unesco（1996）：IOC – EU – BSH – NOAA – （WDC – A）International workshop on oceanographic biological and chemical data management. IOC Workshop Report，（122）.

参考资料

《东京湾保护基本法》试行方案纲要

第一　目的

此法是为东京湾环境保护及整顿而制定的一体化综合管理制度。通过推行实施，保护东京湾自然环境及生态系统，确保居民的亲水权。

第二　定义

1. 此法中的东京湾包括东京湾的水域及陆域。

2. 此法中的东京湾水域是如下所示海岸线及陆岸（包含填埋地、河流、湖泊沼泽，下同）围起来的海面及政令中所定与此相毗邻的海面。

从神奈川县韧崎灯台到千叶县洲崎灯台的海岸线。

3. 此法中的东京湾陆地是指陆岸及从陆岸向内地延伸 1

千米界限所围起来的陆地（包括河流、湖泊沼泽，下同）及政令中所定与此毗邻的陆地。

4. 此法中的"相关各省厅"，是指由综合管理计划相关政令所定省厅。

5. 此法中的"相关都县"，是东京都、神奈川县、千叶县、崎玉县及与东京湾环境保护及整顿有关的其他县政令所定都县。

6. 此法中的"相关地方公共团体"，是指相关都县、政令中所定的与东京湾环境保护及整顿有关的市町村以及《港湾法》中所定的港湾管理人员。

7. 此法中的"相关工程方"，指在东京湾进行填埋及其他事宜的国家、地方有关公共团体及其他人员。

8. 此法中的"综合管理计划"，是指东京湾的环境保护及整顿计划。

第三 相关人员的责任和义务

相关各省厅、相关地方公共团体、相关都县居民及相关工程方，配合制订东京湾综合管理计划，遵守综合管理计划，致力于营造东京湾良好的环境。

1. 设立

政府作为独立的行政机关，在内阁总理大臣的管辖下，设立东京湾保护委员会（以下称"委员会"）

2. 权限

委员会涉及的事务及权限如下。

（1）综合管理计划的制订及制订前的调查。

（2）综合管理计划的决策及变更。

（3）对实施综合管理计划有关事项进行必要的调查，以及推行此计划的实施。

（4）对实施综合管理计划进行必要的监督，以及寻求修正措施。

（5）另外实施在法律规定权限之内属于委员会的权限。

3. 组织

（1）委员会包括委员长在内，由 10 人组成，委员多数应从相关都县的居民中选任。

（2）委员长为国务大臣，总管会务，代表委员会。

（3）委员会应提前通过委员互选，选出在委员长因故不能任职时代替其的委员长代理人选（以下称为"委员长代理"）。

（4）委员应该在内阁总理大臣通过两议院的同意后任命。

（5）委员不定期出勤。

（6）委员任期为三年，可连任。

4. 议事

（1）委员长召集委员会会议。

（2）若无委员长及 6 名以上的委员出席，会议决策无效。

（3）委员会的议事，必须通过出席委员会委员的半数同意，票数相同时，由委员长决定。

（4）委员长不能履行职责时由委员长代理执行委员长的职责。

5. 专业委员会

（1）必要时委员会可以设立专业委员会。

（2）专业委员会的任命、任期还有专业委员会的组织及运营有关事项，由政府发布的命令决定。

6. 事务局

委员会事务局处理委员会的事务。

7. 其他

其他委员会的组织及运营相关事项，由政府命令决定。

第四　制订东京湾综合管理计划

1. 目的

为保护或恢复东京湾生态系统、水质及其他良好的生态环境，尽可能减少包括填海造地在内的新开发项目，有效改善现有利用空间，确保海域安全，为可持续发展制订包括东京湾水产资源在内的与自然环境保护、确保亲水权、改善环境相关的一体化综合管理计划。

2. 事前调查

（1）委员会将尽快筹备东京湾生态系统、水质及其他综合管理计划制订的相关事宜。

（2）为了研究的准确性，必要时，委员会为了调查的需要，可以进入他人的土地进行测量，实施其他必要行为。

（3）委员会要将上述（1）的调查结果通知相关各省厅长及各公共团体的负责人。同时，按照政令指示发出公告，从该公告发布之日起一个月内接受公众审查。

（4）对于上述（3）公告的检查结果，如有疑问或意见、建议，可在审查期截止之前，向委员会提交意见书。

3. 综合管理计划的内容

（1）综合管理计划中，为了防止无序开发，进行有计划的管理，将东京湾水域划分为自然环境保护水域、开发调整水域和开发水域，各水域分别制定适合该水域的保护、整备、开发方针。

① 自然环境保护水域是既作为自然环境被保护，又能净化自然环境的水域。

② 开发调整水域是限制开发的水域。

③ 开发水域，就是在 10 年内计划通过填海造地等进行有效开发的水域。

（2）综合管理计划中，为了保护居民的亲水权，对东京湾陆域施行下述政策。

① 禁止从海岸线向内陆方向 200 米以内设置建筑物、禁止变更土地形态。海滨公园等为保护自然环境而建设的设施及为防止特殊灾害而建设的设施等不在此限。

② 确保公众接近东京湾水域的措施。

（3）此外，综合管理计划还为下列各事项制定了中心课题。

① 关于防止水质污染事项

② 关于保护自然景观事项

③ 关于保护海滩和藻场事项

④ 关于保护自然海滨事项

⑤ 关于填海造地环境保护事项

⑥ 关于促进下水道改善事项

⑦ 关于改善废弃物处理设施及确保处理厂事项

⑧ 关于清除海底、河床污泥事项

⑨ 关于保护渔业资源事项

⑩ 关于确保海上交通安全的事项

（4）基于上述的（1）（2）（3），制订了东京湾管理计划书及管理计划图。

在东京湾管理计划图中，对于东京湾全域，具体用图显示了现在和未来的环境保护及所有改善政策要点。同时，在东京湾陆域、水域及第4条中的3（2）① 规定的陆地，此图也需明示以便很容易地判断出自己所拥有的土地、水域是否属于此陆域、水域、陆地。

第五 综合管理计划的决定及变化

1. 委员会在制订综合管理计划方案时，先要听取各省厅长官及相关地方公共团体长官的意见，并且各相关都县分别要召开至少两次以上的听证会。

2. 委员会在决定综合管理计划方案时，应先在政令规定的地点公告方案，该计划方案将在公告日起一个月内接受大众的审评。

3. 发布根据上述2所规定的公告时，相关都县的居民及利害关系人对上述公告中所提到的综合管理计划方案，可以向委员会提出意见书。

4. 委员会在综合管理计划方案公告的同时，也必须向各相关省厅长官以及相关地方公共团体长官抄送东京湾计划书及计划图复印件。

5. 综合管理计划从上述 4 的公告发布日起开始生效。

第六　综合管理计划的效力

任何人都不能进行违反东京湾综合管理计划的填海造地、建筑物建设以及改土工程。为防止特殊灾害而实施的应急措施以及其他政令行为不受规定限制。

第七　制订综合管理计划的期限

委员会需在法律施行之日起的 3 年内，制订出综合管理计划并发布公告。

第八　工程的实施

1. 东京湾填海造地、建筑物建设以及改土等其他一切工程，由相关工程方按照综合管理计划及该工程相关法律规定实施。

2. 相关工程在进行施工时，应先向委员会报告该工程的实施方案概要。在报告中，需将该工程对环境影响的调查结果进行预先评估，并将相关事项添加到报告文书中。

3. 委员会将对工程相关人员提交的工程实施报告进行审查，当工程中出现与综合管理计划不相符的地方时，委员会应指出其问题所在，在相关人员根据问题点采取措施后，可对提交的措施报告进行审查。

第九　监督处分

国家及相关地方公共团体外工程人员违反综合管理计划时，或相关工程方以外的人违反综合管理计划而进行建筑物等其他设施的设置时，各相关省厅长官、相关地方公共团体等其他应遵循法律对该行为进行监督的行政厅（以下称"管辖区行政厅"），应命令该违反人员停止该行为、采取拆除不合法建筑物等相关措施（以下称"监督处分"）。

第十　惩罚条例

管辖区行政厅对于违反第九条者采取行政处罚。

第十一　监督处分请求

对违反或意图违反综合管理计划的行为，相关都县居民可以向该行为管辖区行政厅申请监督处分。

第十二　信息公开

对于委员会议事记录及综合管理计划相关文书，任何人都可以自由阅览、记录，但少数政令规定的文书除外。

第十三　国会相关报告

政府每年要向国会报告综合管理计划的制订、完成、修改及实施相关状况，并将内容概要公开发表。

第十四　资金融通

国家根据综合管理计划保护自然环境，同时，对于实施保护亲水权的相关事业人员，应进行必要的资金融通。

第十五　相关法令的修改

相关各省厅在实施该法律的同时，对《公有水面的填海造地法》、《港湾法》、《建筑基本法》等其他相关法令进行必要的修改。

第十六　施行日期

本法自公布之日起 6 个月后开始施行。

后 记

20世纪后半叶，由于经济的突飞猛进，日本作为发达国家的一员，渐渐享受到了便利的物质生活。可是，在这个过程中，由于对自然环境的改变和破坏，使得环境再也无法恢复到原来的状态。如此严重的环境问题，其原因在于环境评估基本没有发挥其应有的作用。过去的环境评估，都是由工程施工方所进行的程序上的环境评估，不过是作为开发免罪符而已，并没有进行科学的探讨。沿岸海域很多海滩、浅滩逐渐消失，大范围的海底采砂导致了内湾和沿岸的生态系统被破坏。城市人口集中，产生了新的城市型环境问题。

环境问题已经扩大到了整个地球，从20世纪80年代后期开始，"全球变暖"和"环境激素"成为新的环境问题。这些环境问题的扩大，给现在我们居住的"宇宙船地球号"带来了严重的影响。我们认识到，这种影响正在扩大到整个地球生态系统。

倡导自然保护和生态重要性的《环境基本法》制定于1993年。1999年6月，立足于反省过去的新的环境评估开始实施。人类应该停止无法挽回的环境破坏，探索修复环境的方法。作为"宇宙船地球号"的一员，为了与环境共存，探讨对环境问题新的处理方法，是进入新时代人类社会所面临的主要课题。

本书中，第一、第二章整理了20世纪末大规模开发中所留下的诸多课题以及21世纪将面临的沿岸环境评估问题。现在，正在实施新的环境评估制度，这个制度开始于"评估制度转换期"。在第三、第四章中，讨论了能够对未来社会做出贡献、施行科学环境评估的课题及今后的具体对策。日本海洋学会于1973年设立了海洋环境问题委员会，海洋自然科学的专家致力于环境问题，为将知识和经验回馈给社会，日本海洋学会持续开展出版活动，本书就是该活动20世纪的最终篇。本书面向广大普通市民、研究者、行政人员和私营企业相关人员，可以使他们更加理解环境问题，也希望本书能够对今后沿岸环境问题评估的实际运用作出贡献。

石川公敏　风吕田利夫　佐佐木克之

1999 年 3 月 11 日

图书在版编目（CIP）数据

构筑未来之沿岸环境/日本海洋学会编；刘军，徐
迎春，周艳红译.—上海：上海译文出版社，2016.5
（海洋经济文献译丛）
ISBN 978-7-5327-7107-3

Ⅰ.①构… Ⅱ.①日… ②刘… ③徐… ④周… Ⅲ.
①沿海-区域环境-评估 Ⅳ.①X820.2

中国版本图书馆 CIP 数据核字（2015）第 271273 号

本书由国家出版基金资助出版

Asuno Engan Kankyou wo Kizuku
ⓒ The Oceanographic Society of Japan 1999
Originally published in Japan in 1999 by KOUSEISHA KOUSEIKAKU Co. Ltd.
Chinese（Simplified Character only）translation rights arranged through
TOHAN CORPORATION，TOKYO.

图字：09-2014-121 号

构筑未来之沿岸环境

日本海洋学会 编 刘 军 徐迎春 周艳红 译

上海世纪出版股份有限公司
译文出版社出版
网址：www.yiwen.com.cn
上海世纪出版股份有限公司发行中心发行
200001 上海福建中路 193 号 www.ewen.co
上海文艺大一印刷有限公司印刷

开本 890×1240 1/32 印张 10 插页 5 字数 194,000
2016 年 5 月第 1 版 2016 年 5 月第 1 次印刷

ISBN 978-7-5327-7107-3/S·006
定价：45.00 元